구구단뿐만 아니라 세상 모든 일이 그렇습니다. 당장은 필요성을 느끼지 못할 때도 있고, 그냥 하기 싫어 미룰 때도 있습니다. 하지만 필요성을 알게 되었다 해서 갑자기 스스로 열심히 한 적이 있던가요. 필요를 강요하면 오히려 반발심이 생깁니다. '해님과 바람, 나그네'의 이야기처럼 강한 바람은 되려 나그네의 코트를 더 단단히 여미게 할 뿐입니다. 그럼 어떻게 해야 할까요? 나그네 스스로 코트를 벗게 해야 합니다. 흥미로운 일은 누가 시키지 않아도 스스로 하게 됩니다.

이는 모든 것을 흥미로 해결하자는 말이 결코 아닙니다. 공부하다 보면 문제도 많이 풀어보고 반복해서 연습해야 하는 시기도 옵니다. 물론 힘들게 외우는 과정도 필요하지요. 하지만 적어도 공부를 처음 시작하는 아이들이라면 공부하는 재미를 느끼게 해야 합니다. 공부에 관해 좋은 첫인상을 심어주자는 이야기입니다.

저도 아이들을 가르친 지 10년이 넘었지만, 부모로서는 곧 유치원 가는 딸이 있는 새내기 아빠입니다. 저 또한 어렵고 막막할 때가 많지요. 이 글을 읽고 계신 부모님, 그리고 아이들에게도 제법 길고 험난한 여정이 될지도 모릅니다. 그렇기에 아이들이 흥미를 잃지 않고 자신이 목표한 곳까지 완주할 수 있도록 부모님들께서 많은 격려와 칭찬을 주시면 좋겠습니다. 사랑스러운 우리 아이들이 완주의 기쁨을 누리길 진심으로 바랍니다.

차례

Part 1

데카 구구단

1 직접 세어봐!

2 규칙을 찾아봐!

3 이미 알고 있어!

Part 2

구구단의
확장

 **학습확인표**

	학습 시작일	학습 종료일	학습 완료 싸인
1단			
2단			
3단			
4단			
5단			
6단			
7단			
8단			
9단			

사칙연산 개념을 완성하는

초등 도형 구구단
완주
따라그리기

남택진 지음

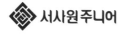 서사원주니어

언젠가부터 글을 쓰려 하니, 세상에 유혹이 이렇게 많은 줄 몰랐습니다. 최근에는 넷플릭스를 알게 되었는데요. 글을 쓰겠다고 앉으면 5분마다 엉덩이가 들썩이는데 넷플릭스는 일단 틀기만 했을 뿐인데 앉은 채 몇 편이고 보게 됩니다.

학교에서 보면 아이들도 비슷한 듯합니다. 눈앞의 화려한 것에 시선을 빼앗기지요. 글보다는 그림, 그림보다는 영상에 더 끌립니다. 어떻게 하면 아이들을 열심히 공부하게 할 수 있을까요?

이 책『초등 도형 구구단 완주 따라 그리기』는 '구구단 공부도 흥미롭게 할 수는 없을까?' 하는 생각으로부터 출발하였습니다. 당장 곱셈 문제를 풀려면 필요하니 학교에서도, 집에서도 구구단을 외우게 하지만 아이들에게는 참으로 힘들고 지루합니다. 그러다 보면 수학 자체에 거부감이 생기기도 하지요. 이러한 아이들에게 수학이 좀 더 친숙하고 흥미롭게 다가갔으면 하고 고민한 흔적들을 정리하여 책으로 엮게 되었습니다.

저는 아이들을 독려하기 위해 공부가 '필요'하다고 이야기하고는 합니다. "나중에 다 필요하니 지금 열심히 공부해야 해"라고요. 그런데 생각해보니 교사인 저도 종종 할 일을 제쳐두고 다른 일을 하고는 합니다. 필요성을 몰라 그러는 건 아닙니다. 필요성은 알지만 지금 하기 싫거나 주변에 더 재밌는 게 많으니까요.

이 책의 특징과 활용

구구단은 '덧셈'과 '곱셈'을 이어주는 중요한 '연결고리'입니다. 나아가 '나눗셈'을 할 때도 필요하지요. 즉 구구단은 '사칙연산'을 이어주는 '다리' 역할을 합니다. 따라서 이 책 『초등 도형 구구단 따라 그리기』는 덧셈 개념을 알고 있는 아이라면 누구나 쉽게 구구단을 익히도록 체계적으로 구성하였습니다.

구구단 워크북

여기서는 '체계적인 5단계 학습'을 통해 구구단 1단부터 9단까지 배우게 됩니다. 각 단은 에피소드 형식으로 구성되어 있는데, 앞부분은 동화(스토리텔링)를 통해 원리를 이해하고, 뒷부분은 직접 따라 그리며 반복해 익히는 워크북 형식으로 구성되어 있습니다.

먼저 앞부분의 동화는 곱셈의 원리를 이야기로 풀어낸 것입니다. 6~11세 아이들은 구체적인 대상을 통해 생각하기를 좋아하는데, 교육용어로 '구체적 조작기(Concrete Operational Period)'라 합니다. 쉽게 말해, 보고 듣고 만질 수 있는 것에 강하게 빠져드는 시기라는 뜻이지요. 이 시기 아이들에게 '구구단 표'만으로 곱셈의 원리를 이해하기란 어려운 일입니다. 따라서 이야기를 통해 곱셈의 원리와 규칙 등을 친숙하게 이해할 수 있게 풀어냈습니다.

뒷부분은 구구단을 익히는 워크북 입니다. 〈묶어 세기〉〈뛰어 세기〉〈곱셈으로 나타내기〉〈소리 내어 읽기〉〈점선을 따라 그리기〉의 5단계로 구성하여 체계적으로 익힐 수 있도록 하였습니다. 묶어 세기와 뛰어 세기를 통해 곱셈의 원리를 깨닫고, 구구단을 도형으로 그리며 숫자 사이의 규칙을 발견하고 시각화하여 기억에 오래 남도록 하였습니다.

구구단 확장

여기서는 앞에서 배운 구구단이 확장되어 구구단의 규칙과 원리를 활용할 수 있는 개념을 다룹니다. 〈짝수와 홀수〉〈10의 보수〉와 같이 구구단에서 확장되어가는 다양한 수의 개념을 익힐 수 있도록 하였습니다. 또한 아이들이 실생활에서 흔히 볼 수 있는 소재(손가락, 휴대전화 등)를 통한 조작적 경험을 제공하여 구구단의 규칙성을 몸으로 익히도록 하였습니다.

이 책 『초등 도형 구구단 완주 따라 그리기』를 통하여 수학을 처음 만나는 우리 아이들이 수학에 흥미를 느끼고 자신감을 가질 좋은 기회가 되었으면 합니다.

[참고] 도형으로 구구단을 시각화하며 공부하는 구구단을 가칭 〈데카구구단〉이라고 하였습니다.

생각을 깨우는 남택진 선생님의 수학 상담소

 구구단은 반복해 외우며 공부해야 하지 않나요?

구구단은 곱셈을 하기 위해서는 필수적으로 넘어야 하는 산입니다. 그러다 보니 반드시 외워야 한다고 생각하여 아이들에게 암기와 반복 학습을 강조하게 됩니다. 하지만 이러한 과정에서 몇 가지 문제가 발생합니다. 우선 '수학은 암기하는 과목'이라는 인식이 생기면 상대적으로 생각하는 힘을 기를 수 없습니다. 또한 계속 이어지는 문제 풀이와 반복 학습으로 수학 공부를 시작하는 아이들은 수학을 지루하고 재미없는 과목으로 느끼게 됩니다. 차근히 원리를 이해하고 규칙을 발견하다 보면 외우지 않아도 자연스레 외워지게 된답니다.

 구구단은 1단부터 9단까지 순서대로 공부해야 하는 것 아닌가요?

구구단은 보통 1단을 시작으로 9단까지 차례대로 공부하게 됩니다. 하지만 아이들은 2단이나 5단과 같이 '뛰어 세기 쉬운' 구구단을 더 쉽게 습득하게 됩니다. 아이들의 인지적 특성 및 심리적 부담을 고려하여 이 책 『초등 도형 구구단 완주 따라 그리기』는 1단, 2단, 5단 / 3단, 4단, 9단 / 6단, 7단, 8단 순서로 구성하였습니다. 아이들이 더 쉽고 친숙하게 느끼는 단부터 시작해 공부에 자신감을 심어주는 일이 가장 중요하니까요.

 6단, 7단, 8단을 너무 어려워하는데 쉽게 공부하는 방법은 없을까요?

2단에서 5단까지는 잘 따라 왔는데 유독 6단, 7단, 8단을 어려워하는 아이가 많습니다. 3×6은 알면서 6×3은 새로운 구구단이라고 생각하여 각각을 따로 외우기도 하지요. 어른들은 3×6과 6×3이 같음을(교환법칙) 쉽게 이해하지만, 아이들은 어렵게 느낄 수 있습니다. 숫자의 자리가 바뀌어도 결과의 값이 같음을 '2×3=3×2'와 같이 쉬운 곱셈에서부터 함께 확인해보세요. 그렇게 되면 6단, 7단, 8단의 절반은 이미 1~5단에서 배운 셈이 된답니다(p.89 '3장. 이미 알고 있어!'에서 다루고 있습니다).

손가락으로 계산하는 아이, 못하게 해야 할까요?

덧셈, 뺄셈을 할 때 아이가 손가락을 사용해 답을 구한다고 걱정하시는 부모님이 많습니다. 그러다 보니 부모님이나 선생님에게 혼이 날까 봐 책상 밑에서 몰래 손가락으로 셈을 하는 아이도 종종 보게 되지요. 괜찮습니다. 손가락은 좋은 구체물이자 교구이거든요. 수영을 처음 배울 때 킥판을 잡고 연습하다 보면 나중에는 킥판 없이도 잘할 수 있게 되듯, 충분히 손가락을 다루어보는 경험이 쌓이게 되면 자연스럽게 암산으로도 잘 계산할 수 있게 됩니다.

문제를 풀 때 유독 계산 실수가 잦은 아이는 어떻게 공부해야 할까요?

실수는 아이의 성장에서 자연스러운 일부의 과정입니다. 부모님이나 선생님이 문제를 빨리 풀도록 재촉하거나 지루한 반복 학습을 과도하게 시킬 때 아이의 실수는 더욱 잦아지게 됩니다. 아이가 불안감을 느끼지 않도록 시간을 충분히 주고 기다려주세요. 되풀이하여 반복하는 실수가 있다면 따로 수학 노트를 만들어 정리하는 것도 좋은 방법입니다.

덧셈은 잘하는데 뺄셈을 어려워해요, 뺄셈은 어떻게 공부해야 할까요?

숫자를 순서대로 셀 수 있게 되어야 비로소 거꾸로 세는 일도 가능하듯 덧셈보다 뺄셈을 어려워하는 건 아이의 발달과정 상 자연스러운 일입니다. 숫자를 가르고 모으는 활동을 통해 덧셈과 뺄셈의 기초를 다져주세요. 처음에는 1~10까지 비교적 작은 수를 가르고 모아보세요. 특히 10을 두 수로 가를 때 두 수를 10의 보수라고 하며, 이 책『초등 도형 구구단 완주 따라 그리기』에서는 '짝꿍 수'라는 용어로 풀이하였습니다.

Part

데카
구구단

1

직접
세어봐!

10개의 점

고은이는 요즘 학교에서 구구단을 배우고 있어요.

구구단은 왜 배우는 걸까요? 열심히 외워도 도무지 기억나질 않아요.

고은이는 손가락을 접어보며 생각했어요.

'내일은 선생님이 구구단 시험을 본다고 했는데… 어떡하지?'

걱정되는 마음과 달리 눈꺼풀이 점점 내려오기 시작했어요.

이 일은 이…
이이는 사… 그다음
이 뭐더라?

그때였어요.

고은이의 손가락 끝에서 점들이 튀어나왔어요.

"이게 뭐야!" 고은이가 놀라 소리쳤어요.

잠시 후 어디선가 목소리가 들려왔어요.

"…누구 없니?"

점들이 모여 있는 곳에서 다시 목소리가 들려왔어요.

"거기 누구 없니?"

점들이 진짜로 말을 하지 뭐예요!

거기 누구 없니?
여기서 나를 좀 꺼내
주지 않을래?

"너를 거기서 꺼내달라고? 어떻게?"
"구구단 1단 순서대로 여기 있는 점들을 연결하면 돼."
"구구단? 미안하지만 나는 잘 못하는데….."

고은이가 풀죽은 목소리로 말했어요.

"걱정 마. 나와 함께 해보자. 우선 '구구단 방'을
그릴 수 있어야 해."
"구구단 방? 그게 뭔데?"
"내가 갇혀 있는 바로 이곳이 구구단 방이야.
구구단 방의 점을 이으면, 어떤 구구단이라도 쉽게
할 수 있어. 나와 함께 그려보자!"

구구단 방 그리기

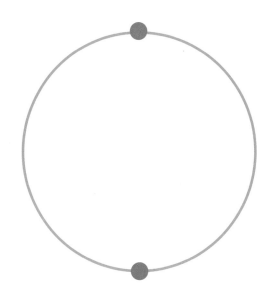

1 동그라미를 그리고 위아래에
큰 점 2개를 그리세요.

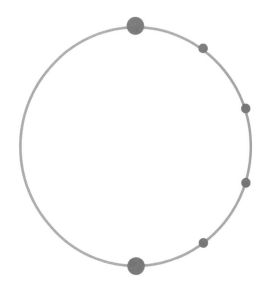

2 방의 오른쪽에 작은 점 4개를
그리세요.

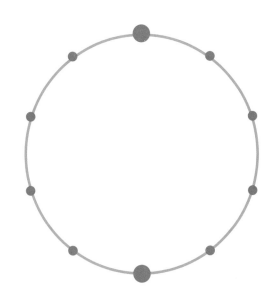

3 방의 왼쪽에 작은 점 4개를
그리세요.

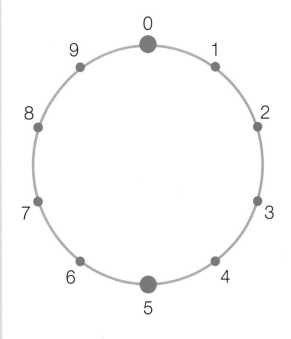

4 0부터 9까지 순서대로 숫자를
쓰면 구구단 방 완성!

 **구구단 방을 순서대로 그려보세요.**

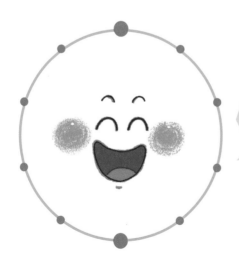

15쪽을 보고
따라 그려봐. 구구단 방을
다 그렸다면 이제 I단
순서대로 점을 연결하러
가보자!

1칸씩 뛰어 세며, 빈칸을 채워보세요.

점을 모두 이어서
나를 구해줘!

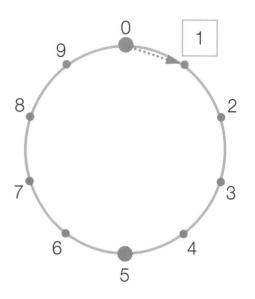

1칸씩 1번 가면 | 1 |

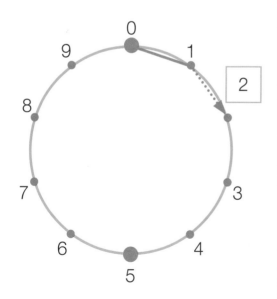

1칸씩 2번 가면 | 2 |

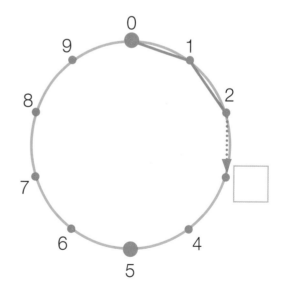

1칸씩 3번 가면 | |

1칸씩 뛰어 세며, 빈칸을 채워보세요.

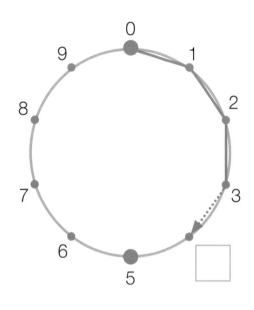

1칸씩 4번 가면 ☐

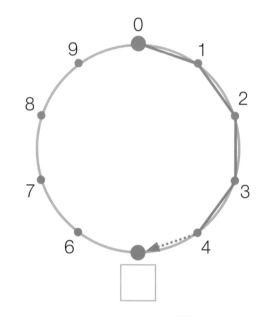

1칸씩 5번 가면 ☐

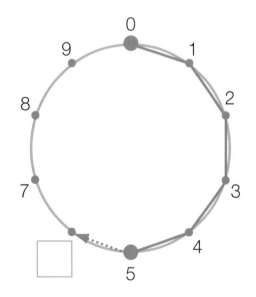

1칸씩 6번 가면 ☐

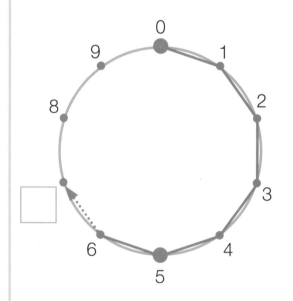

1칸씩 7번 가면 ☐

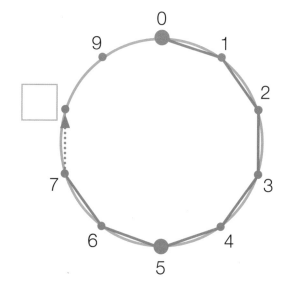

1칸씩 8번 가면 ☐

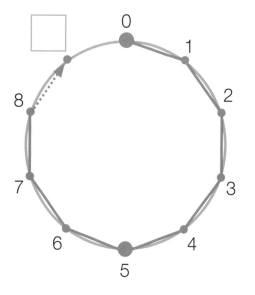

1칸씩 9번 가면 ☐

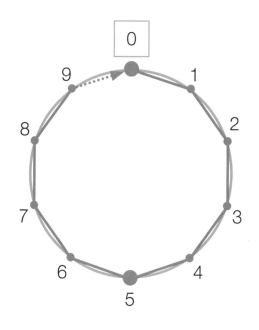

1칸씩 10번 가면 | 10 |

드디어 나올 수 있게 됐어. 반가워! 내 이름은 데카야!

1단을 소리 내어 읽으며, 점선을 따라 그려보세요.

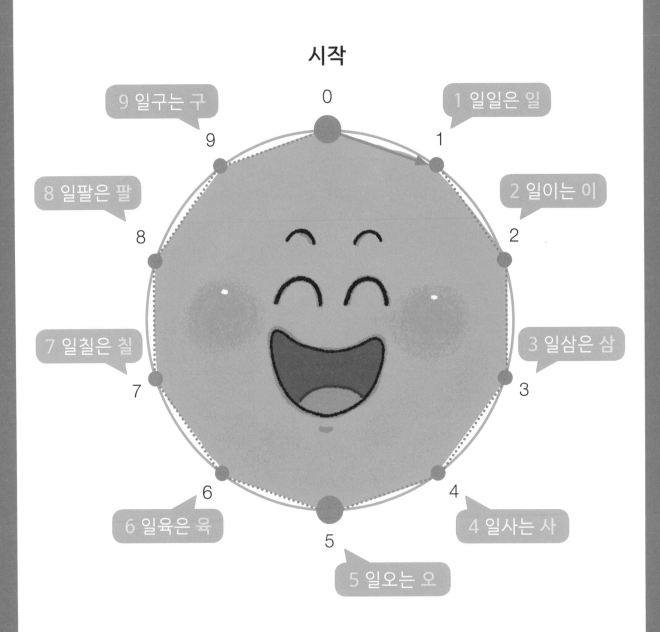

시작

9 일구는 구

1 일일은 일

8 일팔은 팔

2 일이는 이

7 일칠은 칠

3 일삼은 삼

6 일육은 육

4 일사는 사

5 일오는 오

점선을 따라 그린 후, 〈데카구구 1단〉의 빈칸을 채워보세요.

1단

1 x 1 =
1 × 2 =
1 × 3 =
1 × 4 =
1 × 5 =
1 × 6 =
1 × 7 =
1 × 8 =
1 × 9 =

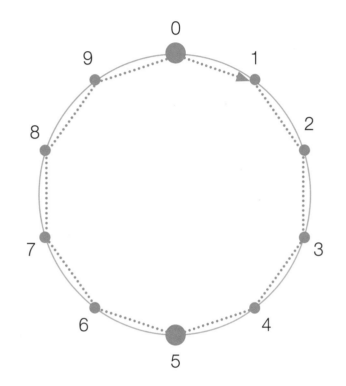

1단을 순서대로
연결하면, 바로 나!
데카가 되지.

쌍둥이

"이일은 이, 이이는 사….."

고은이는 구구단 2단을 공부하고 있어요.

하지만 구구단 외우는 건 역시나 쉽지가 않네요.

열심히 구구단을 외우던 고은이는 어느새 잠이 들었어요.

고은아!
뭐하고 있어?

"어? 데카! 언제 왔어? 난 구구단을 외우고 있었지."

데카가 이상하다는 듯 되물었어요.

"구구단을 외운다고?"

"응. 벌써 다 외운 친구들도 있는걸?

나는 아직 2단을 외우고 있지만….'"

"걱정마! 내가 도와줄게.

구구단은 외우지 않고도 잘할 수 있어.'"

데카가 자신 있게 말하며

고은이를 거울 앞으로 데려갔어요.

고은이는 거울에 비친 자신의 얼굴을 보았어요.

"오늘은 2단부터 시작해보자. 2단은 짝이 있는 것을
셀 때 쓰지. 거울 속에서 2개가 짝인 것을 찾아볼까?"
"눈도 2개고, 귀도 2개야. 콧구멍도 2개지! 히히."
거울을 보며 고은이가 대답했어요.

"더 있니?"
"음… 내 손도 2개지!"
그때였어요. 고은이의 손가락 끝에 점이 생기더니…

쌍둥이가 튀어나왔지 뭐예요!

쌍둥이가 큰소리로 소리쳤어요.

"우리는 쌍둥이! 둘도 없는 짝!"

"둘도 없는 짝! 둘도 없는 짝!"

"시끄러운 쌍둥이구나!

우리는 2단을 공부하는 중이란 말이야. 조용히 좀 해!"

떠들썩한 목소리에 고은이는 얼굴을 찌푸렸어요.

쉴 새 없이 떠드는 쌍둥이는 정말 시끄러웠어요.

"구구단 2단? 우리도 끼워 줘!"

"끼워 줘! 끼워 줘!"

2씩 묶어 세볼까요?
2개씩 묶어 세어보고, 빈칸을 채워보세요.

2명씩 1묶음은 $\boxed{2}$ 명

앞보다 2명씩 더 늘어나네?

2명씩 2묶음은 $\boxed{4}$ 명

2명씩 3묶음은 $\boxed{6}$ 명

2명씩 4묶음은 $\boxed{}$ 명

2명씩 5묶음은 $\boxed{}$ 명

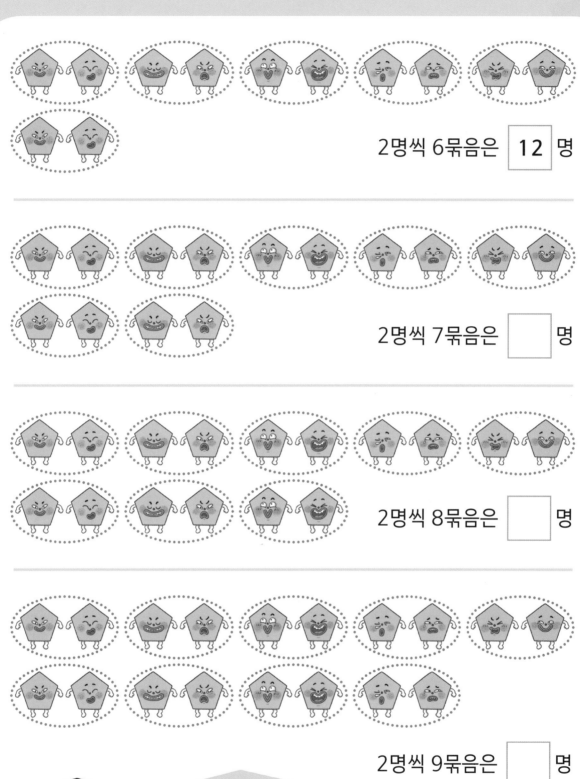

2명씩 6묶음은 **12** 명

2명씩 7묶음은 ☐ 명

2명씩 8묶음은 ☐ 명

2명씩 9묶음은 ☐ 명

와~ 정말
잘했어! 이제 2칸씩
뛰어서 세어보자.
내 몸을 잘 봐!

2칸씩 뛰어 세며, 빈칸을 채워보세요.

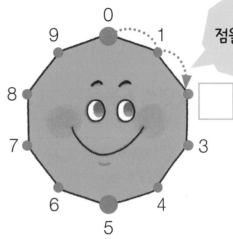

내 몸 위의 점을 따라 2칸씩 뛰어봐!

0	2	4	6	8
10	12	14	16	18

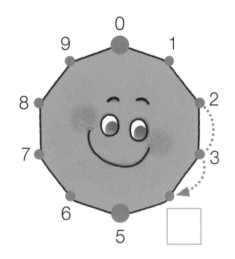

0	2	4	6	8
10	12	14	16	18

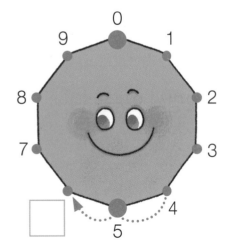

0	2	4	6	8
10	12	14	16	18

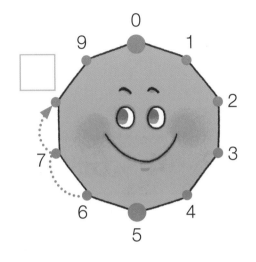

0	2	4	6	8
10	12	14	16	18

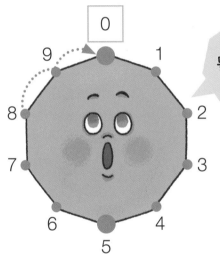

한 바퀴
돌아 다시 0으로
왔네?

0	2	4	6	8
10	12	14	16	18

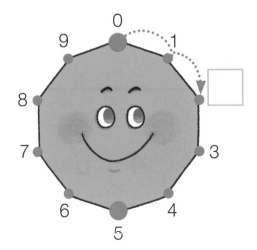

0	2	4	6	8
10	12	14	16	18

2칸씩 뛰어 세며, 빈칸을 채워보세요.

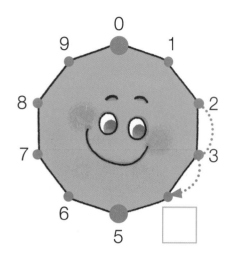

0	2	4	6	8
10	12	14	16	18

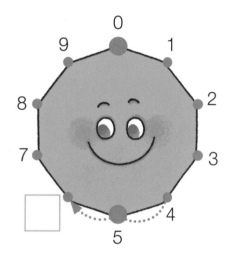

0	2	4	6	8
10	12	14	16	18

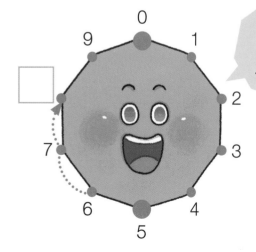

아주 잘했어!
이제 2단을 할
준비가 되었니?

0	2	4	6	8
10	12	14	16	18

2칸씩 뛰어 세며, 곱셈으로 나타내보세요.

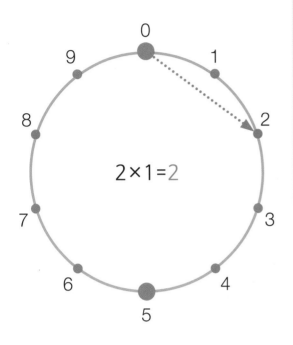

$2 \times 1 = 2$

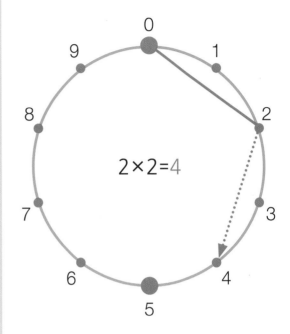

$2 \times 2 = 4$

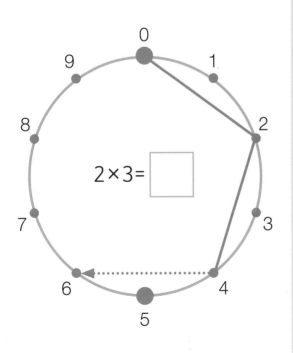

$2 \times 3 = \boxed{}$

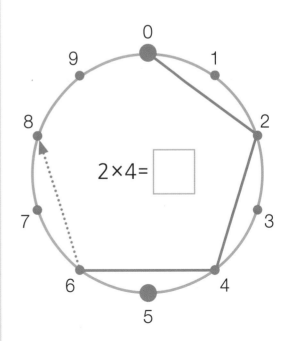

$2 \times 4 = \boxed{}$

 **2칸씩 뛰어 세며, 곱셈으로 나타내보세요.**

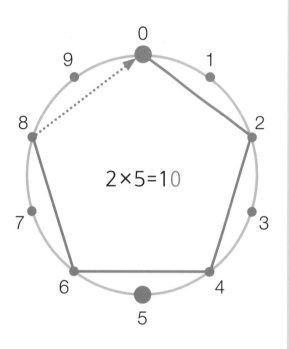

$2 \times 5 = 10$

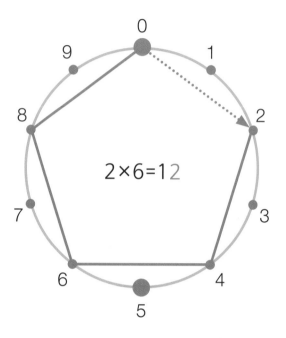

$2 \times 6 = 12$

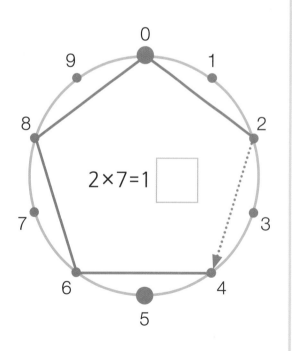

$2 \times 7 = 1\boxed{}$

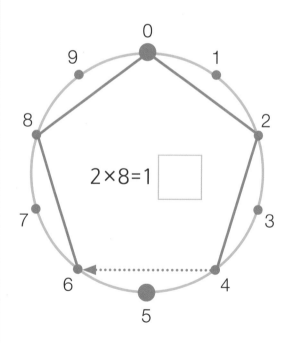

$2 \times 8 = 1\boxed{}$

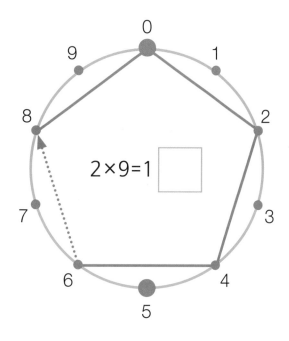

$$2 \times 9 = 1 \boxed{}$$

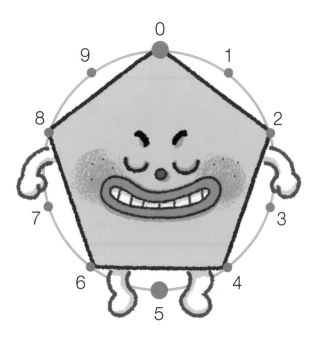

2칸씩 뛰어 점을 이으니

쌍둥이 중 하나가 나타났어!

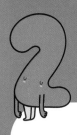

2단을 소리 내어 읽으며, 점선을 따라 그려보세요.

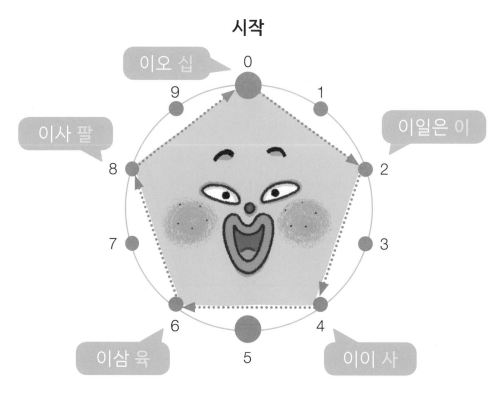

시작

이오 십
이일은 이
이사 팔
이삼 육
이이 사

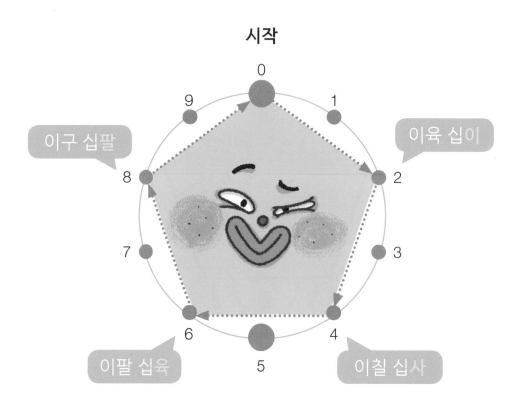

시작

이구 십팔
이육 십이
이칠 십사
이팔 십육

점선을 따라 그린 후, 〈데카구구 2단〉의 빈칸을 채워보세요.

2단

2 × 1 = ☐

2 × 2 = ☐

2 × 3 = ☐

2 × 4 = ☐

2 × 5 = ☐

2 × 6 = ☐

2 × 7 = ☐

2 × 8 = ☐

2 × 9 = ☐

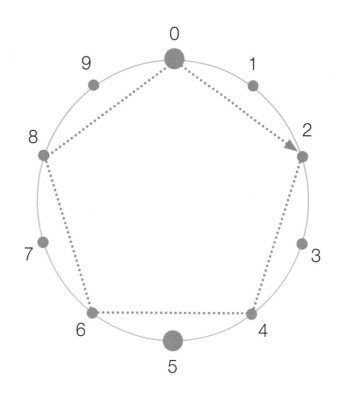

2단을 순서대로 연결하면
우리와 같은 모양이 되지.
우리는 쌍둥이, 둘도 없는 짝!

5단 반달의 소원

오늘은 추석이에요. 고은이네 가족이 맛있는 송편을 만들었어요.

고은이는 데카를 위해 송편을 몇 개 챙겨 두었어요.

밤이 되자 데카가 고은이를 찾아왔어요.

"고은아~ 안녕?"

"안녕 데카! 너 주려고 송편을 만들었어. 여기!"

"냠냠~ 너무 맛있는걸? 고마워!"

"뭘 이런 걸 가지고. 히히."

송편을 맛있게 먹은 후 데카가 말했어요.

"고은아! 추석에는 보름달에 소원을 빌면 이루어진대.

나랑 같이 소원 빌러 가지 않을래?"

"좋아!"

고은이와 데카는 소원을 빌러 밖으로 나왔어요.

엥? 그런데 보름달이 아니라 반달이 떠 있지 뭐예요?

추석에는 보름달이 뜨는데, 오늘은 왜 반달이 떠 있을까요?

고은이와 데카는 어리둥절했어요.

그 때 반달의 목소리가 들렸어요.

"내 반쪽은 어딨지? 반쪽을 찾아 보름달이 되고 싶어."

반달은 외롭고 쓸쓸해 보였어요.

반달의 이야기를 듣고 고은이가 조심스레 말을 꺼냈어요.

"괜찮다면, 우리가 너의 반쪽을 찾아볼게!"

5씩 묶어 세볼까요?
5개씩 묶어 세어보고, 빈칸을 채워보세요.

5개씩 1묶음은 5개

송편을 연필로 묶으면서 세어볼까?

5개씩 2묶음은 10개

5개씩 3묶음은 ☐ 개

5개씩 4묶음은 ☐ 개

5개씩 5묶음은 ☐ 개

5개씩 6묶음은 30개

5개씩 7묶음은 ☐ 개

5개씩 8묶음은 ☐ 개

5개씩 9묶음은 ☐ 개

아주 잘했어!
이제 5칸씩 뛰어서
세어보자.
내 몸을 잘 봐!

5칸씩 뛰어 세며, 빈칸을 채워보세요.

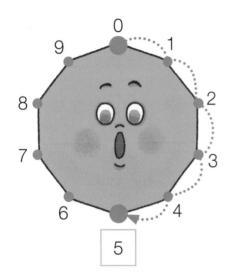

5

0	5	10	15	20
25	30	35	40	45

0

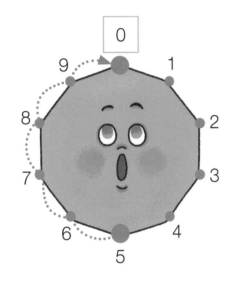

0	5	10	15	20
25	30	35	40	45

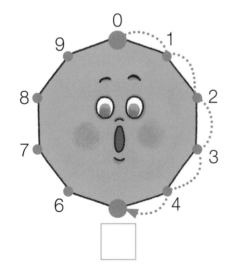

0	5	10	15	20
25	30	35	40	45

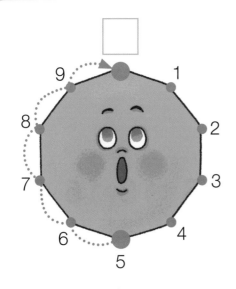

0	5	10	15	20
25	30	35	40	45

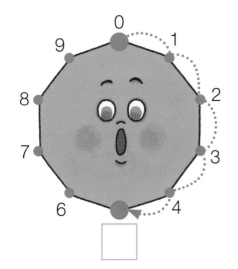

0	5	10	15	20
25	30	35	40	45

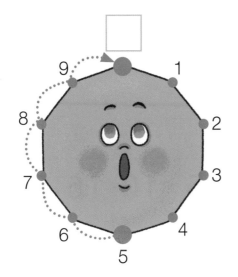

0	5	10	15	20
25	30	35	40	45

5칸씩 뛰어 세며, 빈칸을 채워보세요.

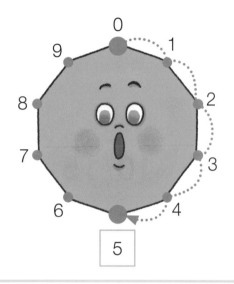

5

0	5	10	15	20
25	30	35	40	45

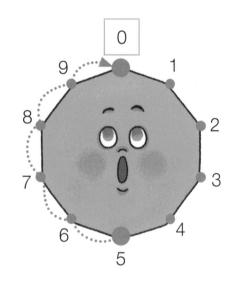

0

0	5	10	15	20
25	30	35	40	45

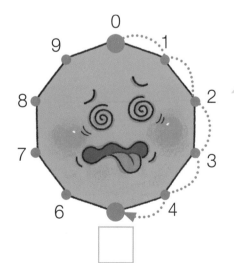

0과 5를 계속 왔다갔다 하고 있어.

0	5	10	15	20
25	30	35	40	45

5칸씩 뛰어 세며 곱셈으로 나타내보세요.

5×1=5

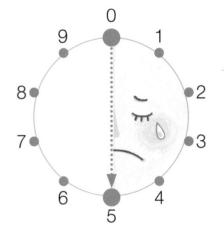

5×2=10

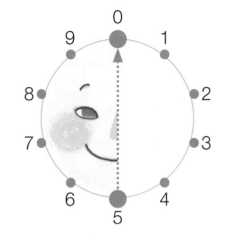

5×3=(1   )

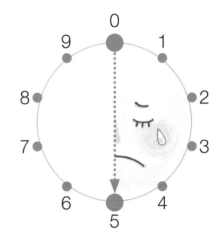

5×4=(2   )

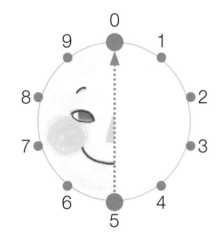

5×5=(   )

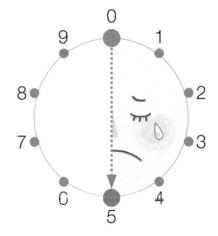

내 반쪽은
어디 있을까?

5칸씩 뛰어 세며 곱셈으로 나타내보세요.

5×6=30

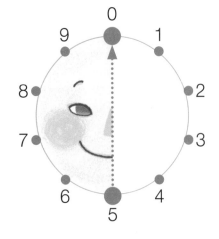

5×7=(   )

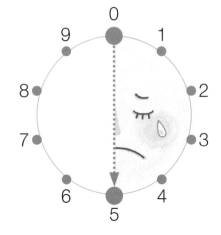

5×8=(   )

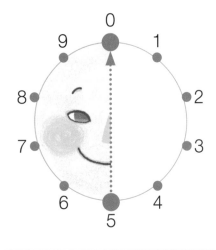

5×9=(4   )

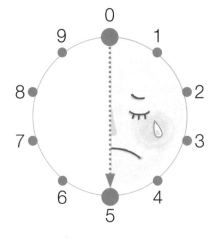

5×10=50

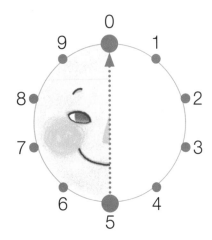

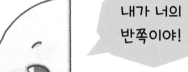
내가 너의
반쪽이야!

5단을 소리 내어 읽으며, 점선을 따라 그려보세요.

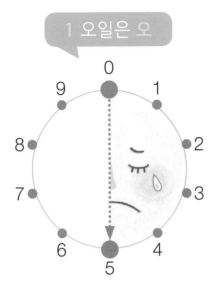

1 오일은 오

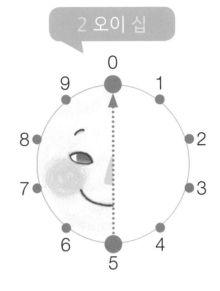

2 오이 십

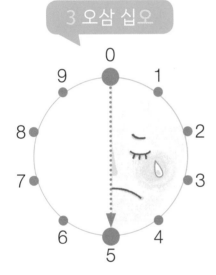

3 오삼 십오

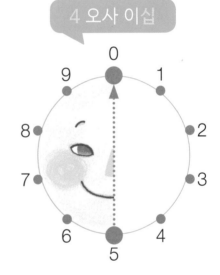

4 오사 이십

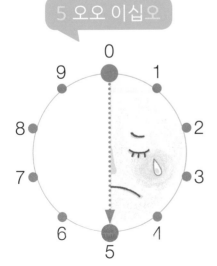

5 오오 이십오

반달들은 대체 언제 반쪽을 만나는 거야!

5단을 소리 내어 읽으며, 점선을 따라 그려보세요.

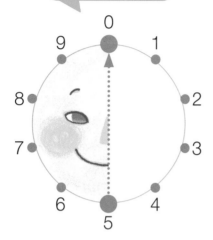

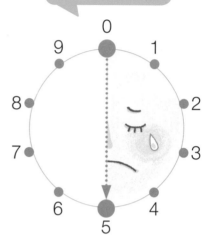

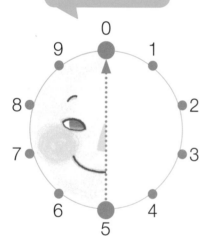

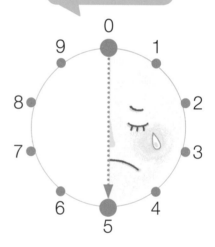

점선을 따라 그린 후, 〈데카구구 5단〉의 빈칸을 채워보세요.

5단

5 × 1 = ☐

5 × 2 = ☐

5 × 3 = ☐

5 × 4 = ☐

5 × 5 = ☐

5 × 6 = ☐

5 × 7 = ☐

5 × 8 = ☐

5 × 9 = ☐

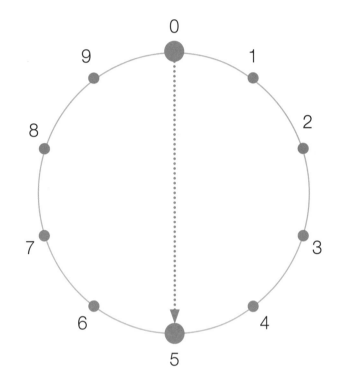

반쪽을 찾아줘서
고마워. 덕분에 둥근
보름달이 되었어!
나에게 소원을 빌어봐.
무엇이든 들어줄게!

데카
구구단

2

규칙을
찾아봐!

떨어진 햇살조각들

고은이는 이제 구구단을 조금 알 것 같아요.

1단은 하나씩 세어보면 되고, 2단은 둘씩 뛰어 세면 되지요.

5단도 전혀 어렵지 않아요.

5단은 일의 자리 숫자가 5와 0으로 반복된다는 것을 알면 쉽지요.

오늘 밤도 고은이는 데카와 만났어요.

"고은아 오늘은 구구단 3단이야. 같이 재밌게 해볼까?"

"좋아 데카!"

"흑흑… 흑흑…."

그때 갑자기 어디선가 우는 소리가 들렸어요.

저 멀리서 작은 조각들이 울고 있어요.

"우리는 햇살조각들인데, 땅에 떨어져 버렸지 뭐야."

"해님에게 다시 돌아가고 싶어."

"우리가 해님에게 돌아갈 수 있게 도와주지 않을래?"

햇살조각들의 말을 들은 고은이가 걱정스럽게 대답했어요.

"곤란한걸… 우리는 구구단 3단을 공부해야 하는데…."

"3단이라고? 우리가 뭔가 도와줄 수 있을지도 몰라!"

햇살조각들이 외쳤어요.

3씩 묶어 세볼까요?
3개씩 묶어 세어보고, 빈칸을 채워보세요.

내 몸에 있는 점이 몇 개인지 세어봐!

3개씩 1묶음은 3 개

3개씩 2묶음은 6 개

점의 개수가 3개씩 늘어나네?

3개씩 3묶음은 9 개

3개씩 4묶음은 ☐ 개

3개씩 5묶음은 ☐ 개

3개씩 6묶음은 **18** 개

3개씩 7묶음은 개

3개씩 8묶음은 개

3개씩 9묶음은 개

3개씩 더하는 건 나도 잘할 수 있어!

지난번보다 더 잘하는걸? 이제 내 몸을 잘 봐!

3칸씩 뛰어 세며, 빈칸을 채워보세요.

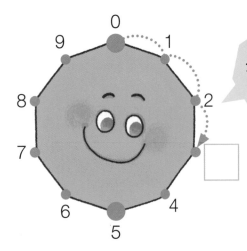

내 몸 위의 점을 따라 3칸씩 뛰어봐!

0	3	6	9	12
15	18	21	24	27

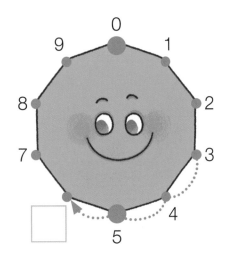

0	3	6	9	12
15	18	21	24	27

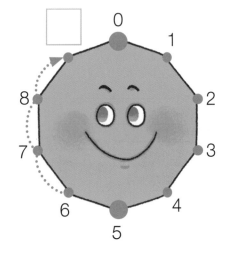

0	3	6	9	12
15	18	21	24	27

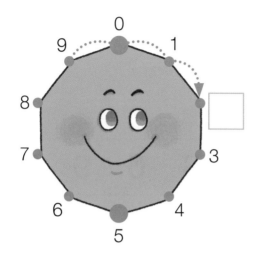

0	3	6	9	12
15	18	21	24	27

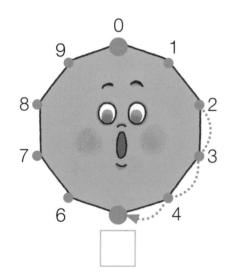

0	3	6	9	12
15	18	21	24	27

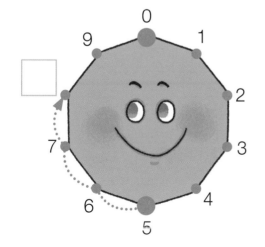

0	3	6	9	12
15	18	21	24	27

3칸씩 뛰어 세며, 빈칸을 채워보세요.

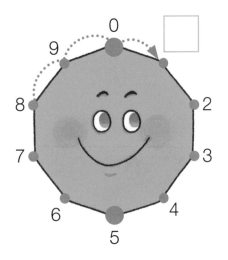

0	3	6	9	12
15	18	21	24	27

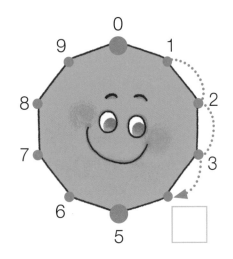

0	3	6	9	12
15	18	21	24	27

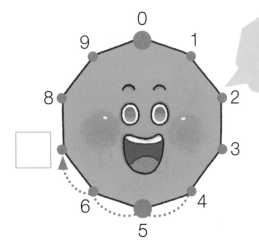

아주 잘했어!
이제 3단을
해보자.

0	3	6	9	12
15	18	21	24	27

3칸씩 뛰어 세며, 곱셈으로 나타내보세요.

3×1=(   )

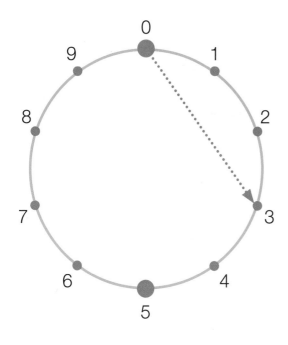

3×2=(   )

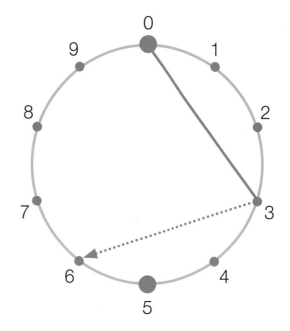

3×3=(   )

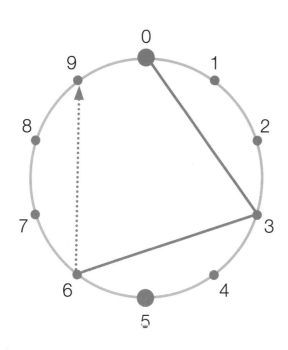

3×4=12

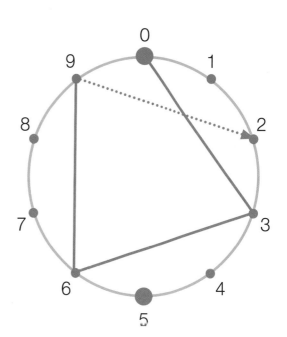

3칸씩 뛰어 세며, 곱셈으로 나타내보세요.

3×5=(　　)

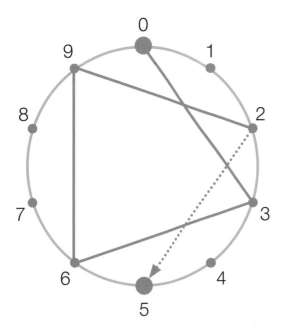

3칸씩 뛰어
점선을 이어봐.
어떤 친구가
나타날까?

3×6=(　　)

3×7=21

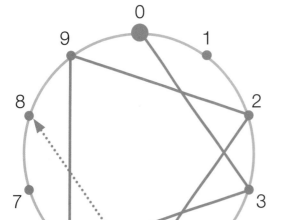

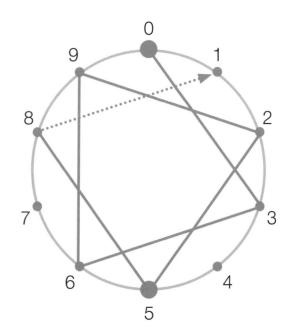

3×8=( )

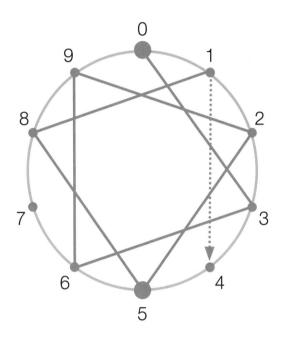

3×9=( )

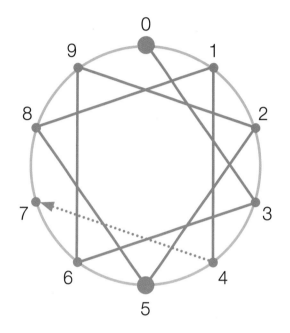

3×10=30

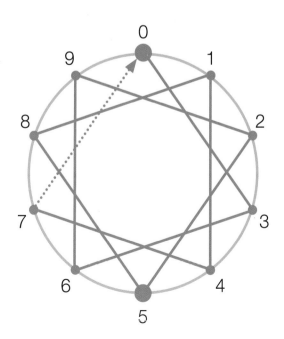

햇살조각들이 어디 갔지? 나만 두고 다들 어디 간 거야?! 으앙~

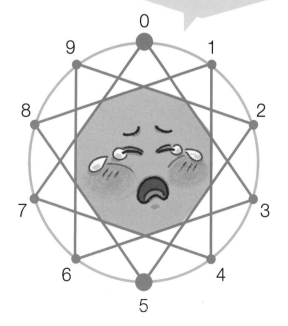

"이제 해님에게 갈 수 있도록 도와줄게.
내 몸을 꽉 잡아!"

데카의 말을 들은
햇살조각들은 데카의 몸을 꽉 붙잡았어요.

데카는 햇살조각들과 함께 하늘 높이 날았어요.
한참을 날아가니 혼자 쓸쓸히 있는 해님이 보이네요.

"와~ 해님이다!"

햇살조각들은 해님을 만나자 기뻐서 소리쳤어요.

그리고는 모두 무사히 해님 곁으로 다시 돌아갔어요.

해님은 다시 햇볕을 쨍쨍 내리쬘 수 있게 되었어요.

"정말 고마워 얘들아!"

해님이 빙그레 웃으며 말했어요.

3단을 소리 내어 읽으며, 점선을 따라 그려보세요.

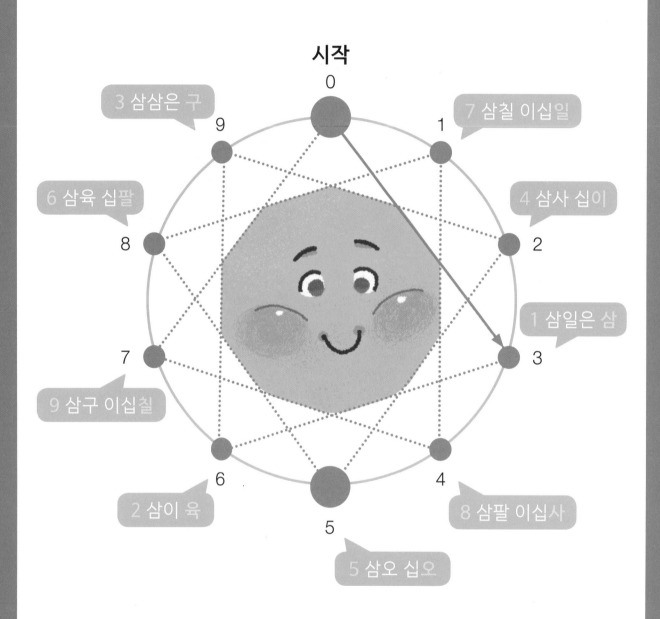

시작

0

3 삼삼은 구   9

7 삼칠 이십일   1

6 삼육 십팔   8

4 삼사 십이   2

1 삼일은 삼   3

9 삼구 이십칠   7

2 삼이 육   6

8 삼팔 이십사   4

5 삼오 십오   5

아직 3단이
어렵다면, 149쪽
(휴대전화 3단)으로
가봐!

점선을 따라 그린 후, 〈데카구구 3단〉의 빈칸을 채워보세요.

3단

3 × 1 = ☐

3 × 2 = ☐

3 × 3 = ☐

3 × 4 = ☐

3 × 5 = ☐

3 × 6 = ☐

3 × 7 = ☐

3 × 8 = ☐

3 × 9 = ☐

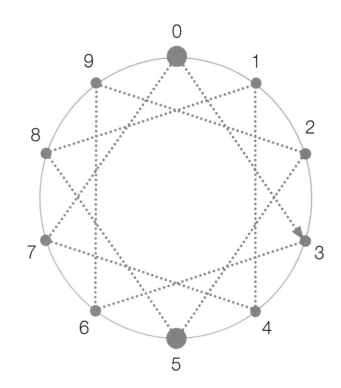

얘들아 고마워!
덕분에 햇살조각들과 다시
만날 수 있게 되었어.

다시 별이 되고 싶어

"오늘은 데카와 무엇을 공부하게 될까?"

고은이는 매일 밤 데카와 만나는 시간이 기다려져요.

데카와 함께 구구단을 공부하다 보니 친구도 여럿 알게 되었어요.

시끄럽게 떠들던 오각형 쌍둥이, 짝을 만나게 된 반달,

햇살조각들과 해님과도 친구가 되었지요.

또 어떤 친구들을 만나게 될까요?

고은이는 설레는 마음으로 잠이 들었어요.

저기서 데카가 손을 흔들며 고은이를 반기네요.

"어서 와 고은아~"

"안녕 데카! 오늘은 몇 단을 공부해볼까?"

"오늘은 4단을 해보지 않을래?"

이야기하며 걷다 보니 저 멀리서 반짝이는 불빛이 보여요.

가까이 가보니 노란 불빛들이 덜덜 떨고 있지 뭐예요.

고은이가 다가가 물었어요.

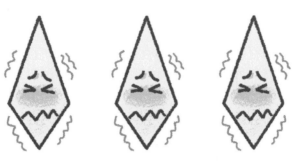

"너희는 누구니?"

"우리는 별빛조각들이야. 원래는 하나의 별이었는데,
날씨가 너무 추워져서 깨져버렸지 뭐야. 우리를 좀
도와주지 않을래?"

"우리는 4단을 공부해야 하는데…."

그러자 별빛조각들이 저마다 외쳤어요.

"구구단 4단? 우리도 함께 공부하자!"

"그래 그래! 4단이라면 우리도 조금 알고 있어!"

"데카, 별빛조각들도 함께 공부하는 건 어때?"

"아주 좋지. 함께하면 더 재미있을 거야!"

4씩 묶어 세볼까요?
4개씩 묶어 세어보고, 빈칸을 채워보세요.

내 몸에 있는 점이 몇 개인지 세어봐!

4개씩 1묶음은 4 개

4개씩 2묶음은 8 개

앞의 점의 개수에 4를 더하면 돼!

4개씩 3묶음은 ☐ 개

4개씩 4묶음은 ☐ 개

4개씩 5묶음은 ☐ 개

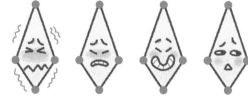

4개씩 6묶음은 개

4개씩 7묶음은 개

4개씩 8묶음은 개

4개씩 9묶음은 개

4개씩 더하는 게 바로 4단이구나?

그렇지! 반복해서 더하는 게 바로 구구단이야!

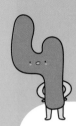

4칸씩 뛰어 세며, 빈칸을 채워보세요.

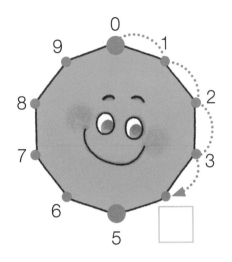

0	4	8	12	16
20	24	28	32	36

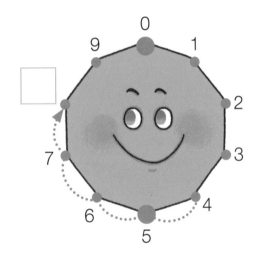

0	4	8	12	16
20	24	28	32	36

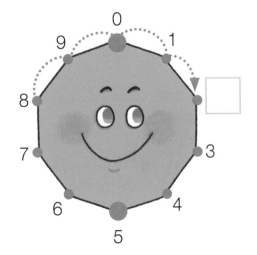

0	4	8	12	16
20	24	28	32	36

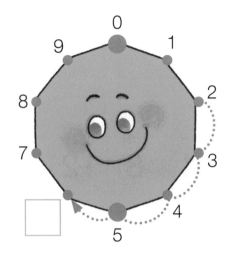

0	4	8	12	16
20	24	28	32	36

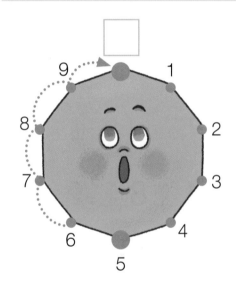

0	4	8	12	16
20	24	28	32	36

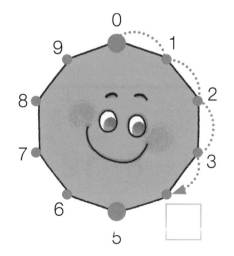

0	4	8	12	16
20	24	28	32	36

4칸씩 뛰어 세며, 빈칸을 채워보세요.

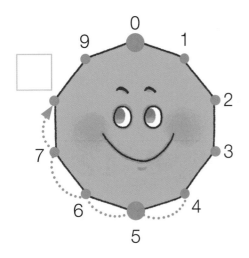

0	4	8	12	16
20	24	28	32	36

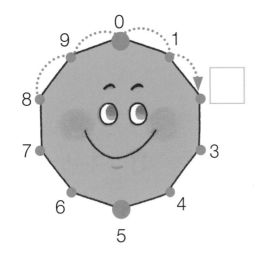

0	4	8	12	16
20	24	28	32	36

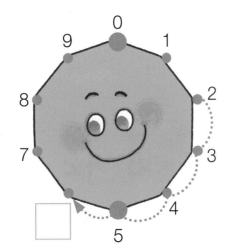

0	4	8	12	16
20	24	28	32	36

4칸씩 뛰어 세며, 곱셈으로 나타내보세요.

4×1=4

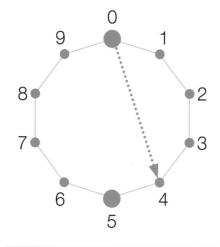

4×2=8

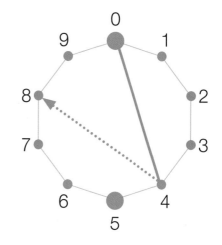

4×3=(   )

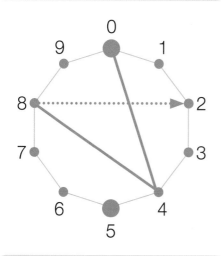

4×4=(   )

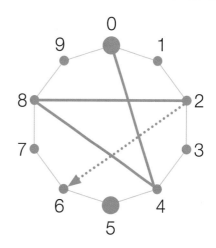

4×5=(   )

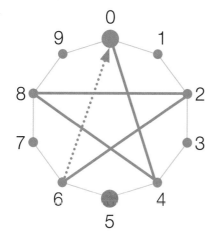

4칸씩 뛰어
점선을 이어봐.
어떤 친구가
나타날까?

4칸씩 뛰어 세며, 곱셈으로 나타내보세요.

4×6=24

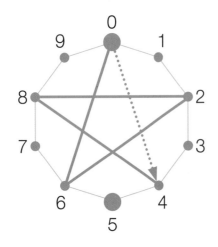

4×7=28

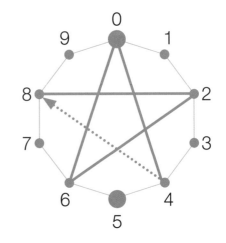

4×8=(   )

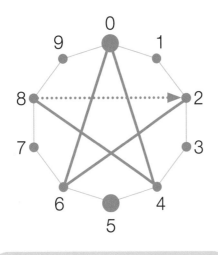

4×9=(   )

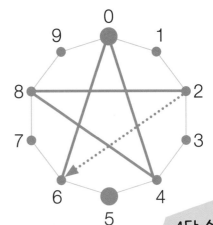

4×10=40

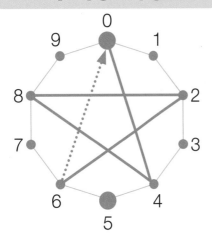

4단 순서로 점을
이으면 반짝반짝
빛나는 바로 나!
별이 되지.

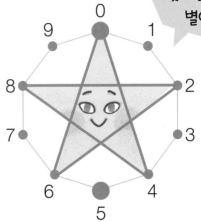

데카가 따뜻하게 안아주니 별빛조각들의 몸이 스르르 녹아요.

잠시 후 별빛조각들은 다시 하나의 별이 되었어요.

그리고는 원래 있던 밤하늘 높이 되돌아갔답니다.

"얘들아 고마워. 덕분에 우리가 다시 하나가 되었어!"

4단을 소리 내어 읽으며, 점선을 따라 그려보세요.

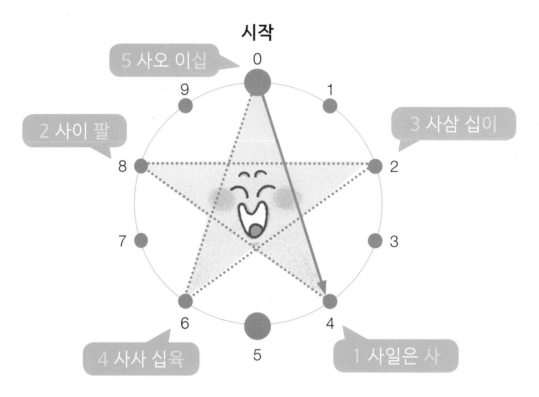

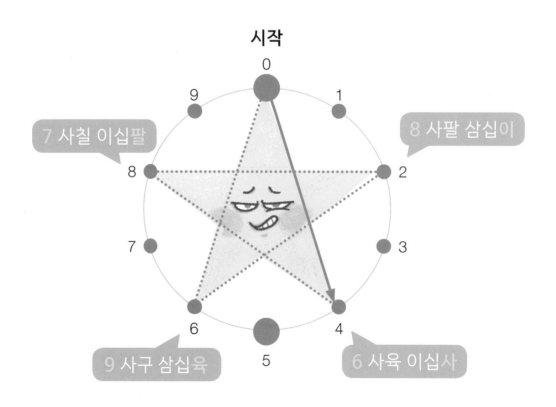

점선을 따라 그린 후, 〈데카구구 4단〉의 빈칸을 채워보세요.

4단

4 × 1 = ☐

4 × 2 = ☐

4 × 3 = ☐

4 × 4 = ☐

4 × 5 = ☐

4 × 6 = ☐

4 × 7 = ☐

4 × 8 = ☐

4 × 9 = ☐

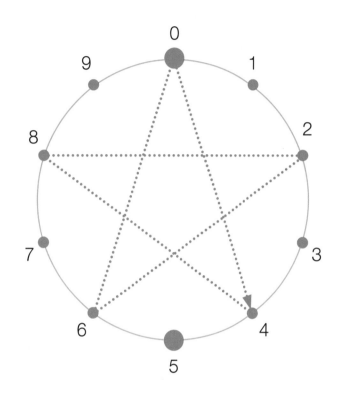

얘들아 고마워.
너희들 덕분에 다시
밤하늘로 돌아갈 수
있게 되었어!

거꾸로나라

"난 9단도 할 수 있어. 구일은 구, 구이 십팔,

구삼 이십칠… 고은이 넌 못하지?"

같은 반 친구 민준이는 아침부터 자랑을 해요.

고은이는 잔뜩 기분이 상했어요. 9단을 공부하려면 아직 멀었거든요.

'9단은 숫자도 너무 크고 어려울 것 같은데….'

고은이는 걱정을 하다 깜빡 잠이 들었어요.

주변을 둘러보니 무언가 이상하네요?

모든 게 거꾸로 되어 있지 뭐예요!

데카가 불쑥 나타나 인사했어요.

"안녕 고은아! 거꾸로나라에 온 걸 환영해!"

"거꾸로나라라고?"

"그래, 여긴 모든 게 거꾸로지."

거꾸로나라에서는 모든 게 거꾸로예요.

집도 거꾸로, 나무도 거꾸로지요.

심지어 숫자도 9, 8, 7, 6, 5, 4, 3, 2, 1 거꾸로 세요.

"데카~ 오늘은 9단을 알려주면 안 될까?

우리 반 민준이는 벌써 다 외웠다고 자랑하는걸…."

"마침 잘됐어. 여기 거꾸로나라에는 '거꾸로 규칙'이

있는데, 그걸 찾으면 9단을 아주 쉽게 할 수 있거든."

데카의 말에 고은이의 표정이 밝아졌어요.

"그럼 어서 '거꾸로 규칙'을 찾으러 가자!"

9씩 묶어 세볼까요?
9개씩 묶어 세어보고, 빈칸을 채워보세요.

9개씩 1묶음은 9 개

9개씩 2묶음은 18 개

9개씩 3묶음은 27 개

창문이
9개씩 더
늘어나네?

9개씩 4묶음은 ☐ 개

9개씩 5묶음은 ☐ 개

9개씩 6묶음은 ☐ 개

9개씩 7묶음은 ☐ 개

9개씩 8묶음은 ☐ 개

9개씩 9묶음은 ☐ 개

창문이 많아서
힘들었을 텐데…
참 잘했어!
이제 거꾸로 규칙을
찾으러 가볼까?

9칸씩 뛰어 세며, 빈칸을 채워보세요.

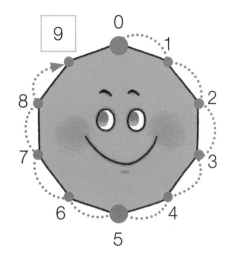

0	9	18	27	36
45	54	63	72	81

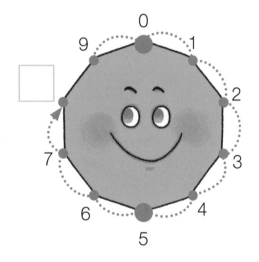

0	9	18	27	36
45	54	63	72	81

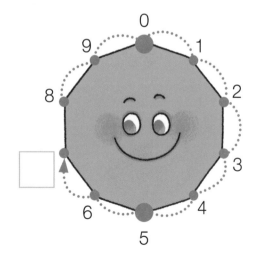

0	9	18	27	36
45	54	63	72	81

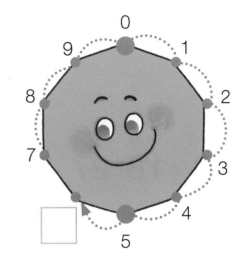

0	9	18	27	36
45	54	63	72	81

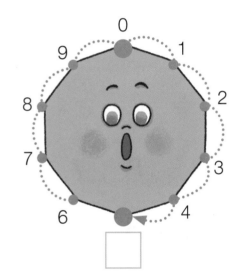

0	9	18	27	36
45	54	63	72	81

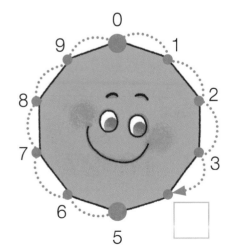

0	9	18	27	36
45	54	63	72	81

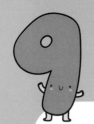

9칸씩 뛰어 세며, 빈칸을 채워보세요.

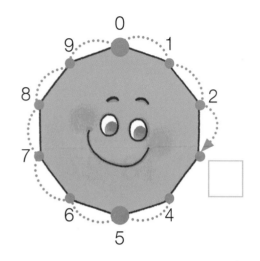

0	9	18	27	36
45	54	63	72	81

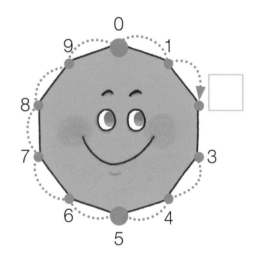

0	9	18	27	36
45	54	63	72	81

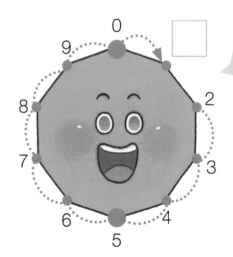

거꾸로 규칙을
발견했니?

0	9	18	27	36
45	54	63	72	81

9단 곱셈표를 보고, 〈거꾸로 규칙〉을 찾아보세요.

9단

9 × 1 = 9

9 × 2 = 18

9 × 3 = 27

9 × 4 = 36

9 × 5 = 45

9 × 6 = 54

9 × 7 = 63

9 × 8 = 72

9 × 9 = 81

뭔가
이상한 점을
발견했니?

9, 8, 7, 6, 5, 4, 3, 2, 1
거꾸로네?
일의 자리가 9부터 1씩 작아지는 게
바로 거꾸로 규칙이구나!

9칸씩 뛰어 세며, 곱셈으로 나타내보세요.

9×1=9

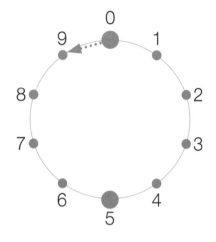

9×2=18

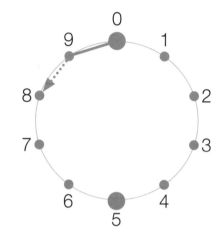

9×3=27

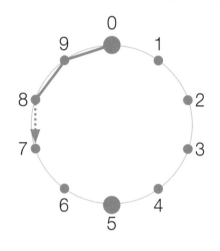

9×4=(   )

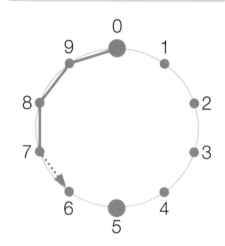

9×5=(   )

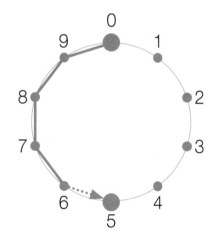

내 몸을
거꾸로 돌면서
선을 연결해 봐!

9×6=54

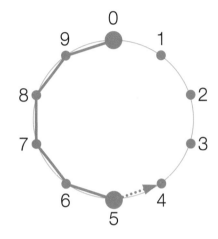

9×7=(　　)

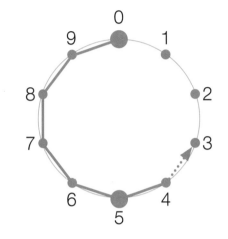

9×8=(　　)

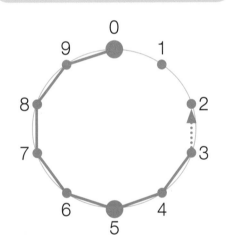

9×9=(　　)

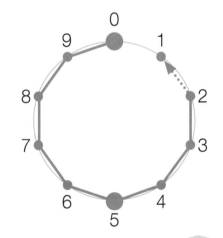

9×10=90

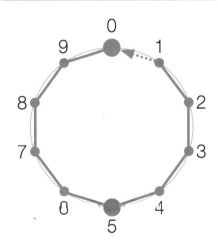

내 몸을 거꾸로
한 바퀴 돌면
9단이 되지!

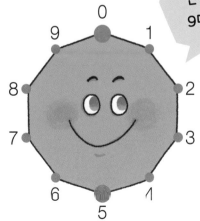

9단을 소리 내어 읽으며, 점선을 따라 그려보세요.

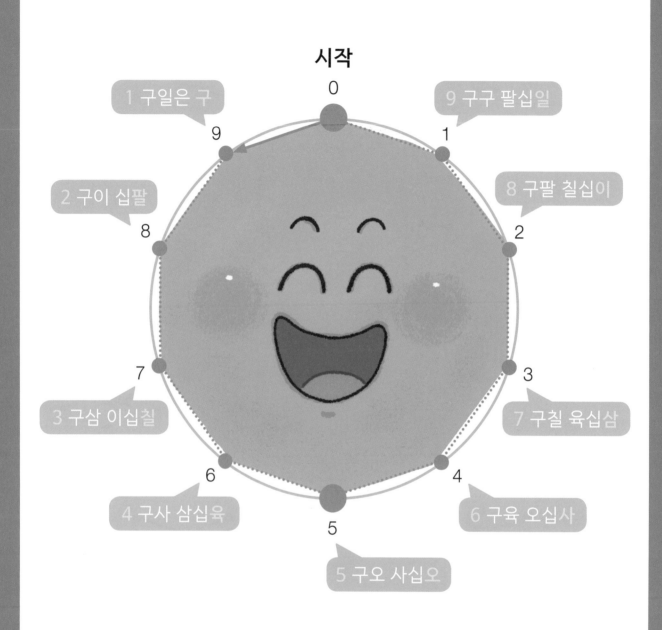

시작

0

1 구일은 구

9 구구 팔십일

2 구이 십팔

8 구팔 칠십이

3 구삼 이십칠

7 구칠 육십삼

4 구사 삼십육

6 구육 오십사

5 구오 사십오

그래도 조금 어렵다면, 144쪽 (손가락 9단)으로 가봐!

점선을 따라 그린 후, 〈데카구구 9단〉의 빈칸을 채워보세요.

9단

9 × 1 = ☐

9 × 2 = ☐

9 × 3 = ☐

9 × 4 = ☐

9 × 5 = ☐

9 × 6 = ☐

9 × 7 = ☐

9 × 8 = ☐

9 × 9 = ☐

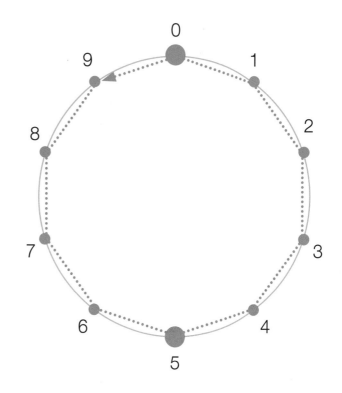

9, 8, 7, 6, 5, 4, 3, 2, 1
내 몸을 거꾸로 한 바퀴 돌면
9단이야!

Part 1

데카 구구단

3

이미
알고 있어!

6단 별 헤는 밤

고은이는 이제 구구단 1단부터 5단까지 모두 할 수 있어요.

어려워 보이는 9단도 거꾸로 규칙으로 쉽게 할 수 있지요.

반짝이는 창밖의 별을 보며 고은이는 별 모양이던

구구단 4단이 생각났어요.

그 순간 익숙한 목소리가 들리네요?

"안녕 고은아! 뭐하니?"

"데카 왔구나! 밤하늘의 별을 보고 있었어. 별을 보니

4단이 생각나더라구. 히히."

"아주 구구단에 푹 빠졌는걸? 좋아! 그렇다면 퀴즈를 하나 내볼게.

하늘에 별이 몇 개 있는지 묶어서 셀 수 있겠니?"

고은이는 별을 향해 손가락으로 동그라미를 그려보더니 곧 대답했어요.

"별을 2개씩 묶으면… 둘… 넷… 여섯. 2개씩 3묶음은 6개야!"

"좋아! 또 다른 방법으로도 할 수 있니?"

"흠… 3개씩 묶으면 셋… 여섯… 3개씩 2묶음은 6개!"

"정말 잘하는걸? 똑같은 6개라도 여러 가지 방법으로 묶어서

셀 수 있어. 퀴즈는 여기까지 하고, 오늘은 6단을 공부해보자!"

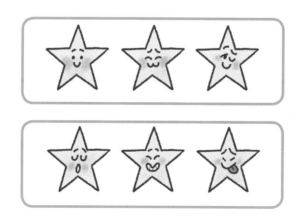

6씩 묶어 세볼까요?
6개씩 묶어 세어보고, 빈칸을 채워보세요.

☆☆☆
☆☆☆

6개씩 1묶음은 　6　 개

☆☆☆ 　☆☆☆
☆☆☆ 　☆☆☆

앞보다 별이
6개씩 더
늘어나네?

6개씩 2묶음은 　12　 개

☆☆☆ 　☆☆☆ 　☆☆☆
☆☆☆ 　☆☆☆ 　☆☆☆

6개씩 3묶음은 　18　 개

☆☆☆ 　☆☆☆ 　☆☆☆ 　☆☆☆
☆☆☆ 　☆☆☆ 　☆☆☆ 　☆☆☆

6개씩 4묶음은 　　 개

☆☆☆ 　☆☆☆ 　☆☆☆ 　☆☆☆ 　☆☆☆
☆☆☆ 　☆☆☆ 　☆☆☆ 　☆☆☆ 　☆☆☆

6개씩 5묶음은 　　 개

6개씩 6묶음은 ☐ 개

6개씩 7묶음은 ☐ 개

6개씩 8묶음은 ☐ 개

6개씩 9묶음은 ☐ 개

이번엔 좀 어려운 것 같아.

괜찮아. 숫자가 커지면 어려울 수 있어. 함께 차근차근 해보자!

6칸씩 뛰어 세며, 빈칸을 채워보세요.

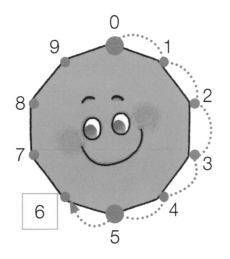

0	6	12	18	24
30	36	42	48	54

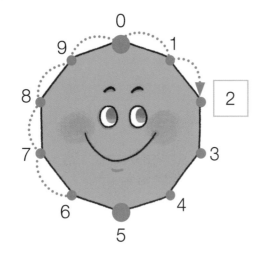

0	6	12	18	24
30	36	42	48	54

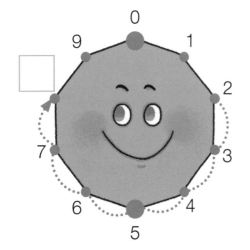

0	6	12	18	24
30	36	42	48	54

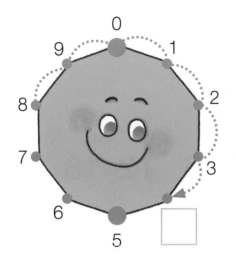

0	6	12	18	24
30	36	42	48	54

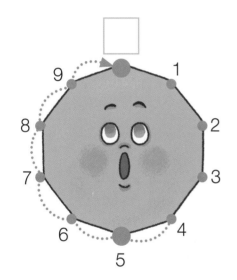

0	6	12	18	24
30	36	42	48	54

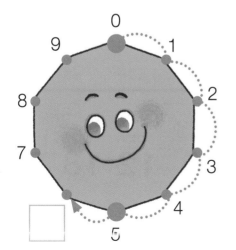

0	6	12	18	24
30	36	42	48	54

6칸씩 뛰어 세며, 빈칸을 채워보세요.

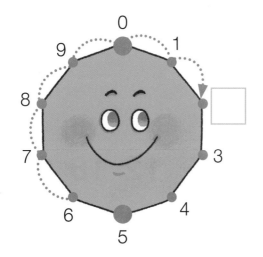

0	6	12	18	24
30	36	42	48	54

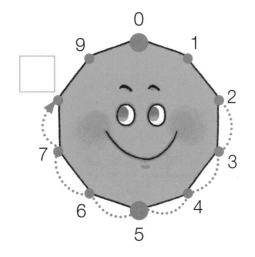

0	6	12	18	24
30	36	42	48	54

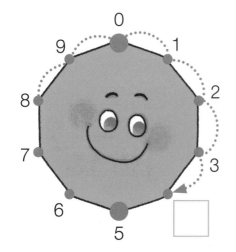

0	6	12	18	24
30	36	42	48	54

6칸씩 뛰어 세며, 곱셈으로 나타내보세요.

6×1=6	6×2=12

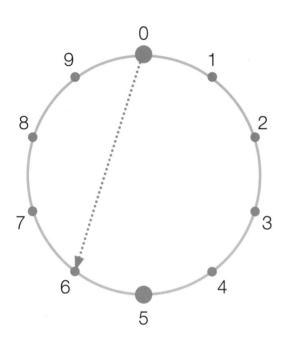

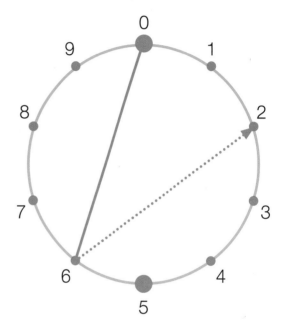

6×3=(　　)	6×4=(　　)

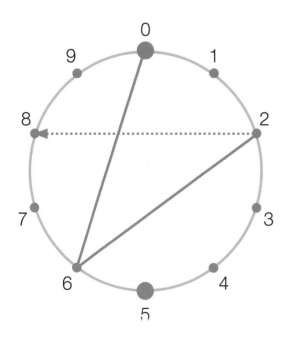

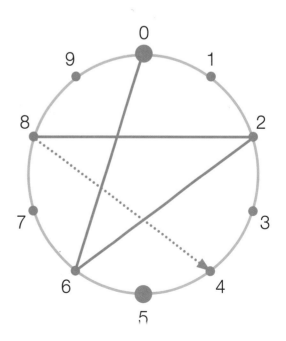

6칸씩 뛰어 세며, 곱셈으로 나타내보세요.

6×5=30

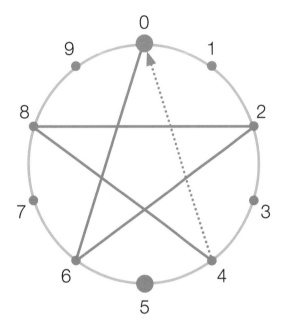

어디서 많이 본 모양인데… 몇 단에서 봤더라?

6×6=( )

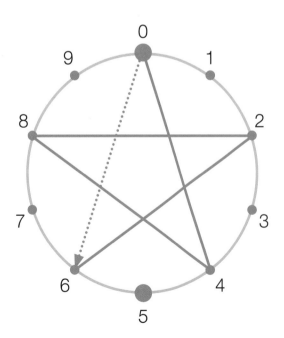

6×7=( )

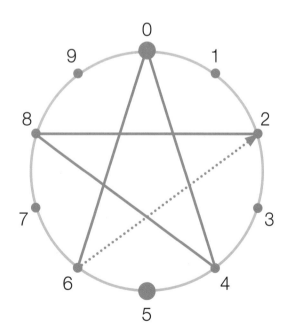

6×8=(　　)

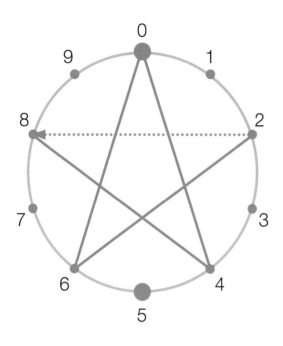

6×9=(　　)

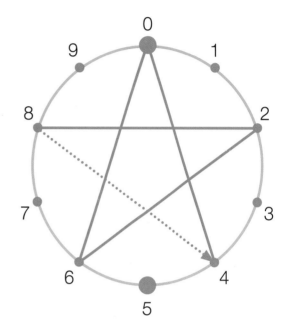

6×10=60

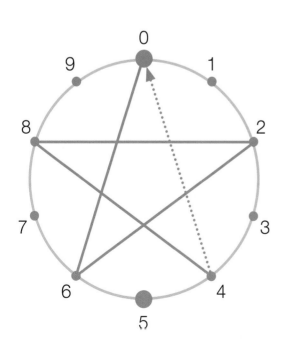

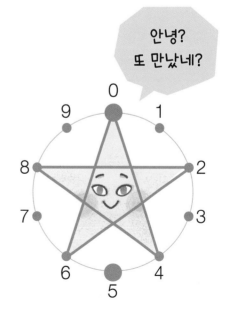

6단을 소리 내어 읽으며, 점선을 따라 그려보세요.

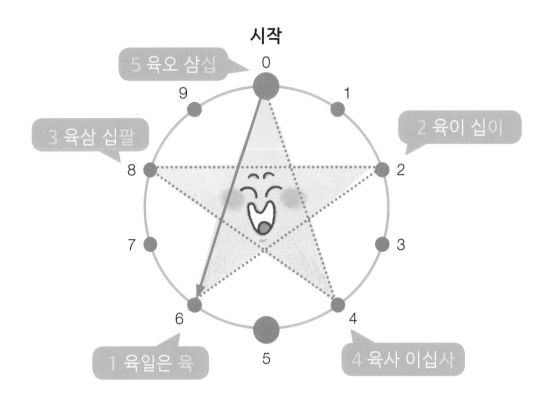

시작

5 육오 삼십

2 육이 십이

3 육삼 십팔

4 육사 이십사

1 육일은 육

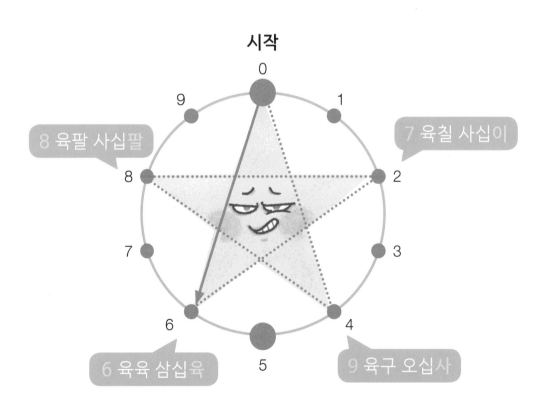

시작

8 육팔 사십팔

7 육칠 사십이

6 육육 삼십육

9 육구 오십사

6단

6 × 1 = ☐

6 × 2 = ☐

6 × 3 = ☐

6 × 4 = ☐

6 × 5 = ☐

6 × 6 = ☐

6 × 7 = ☐

6 × 8 = ☐

6 × 9 = ☐

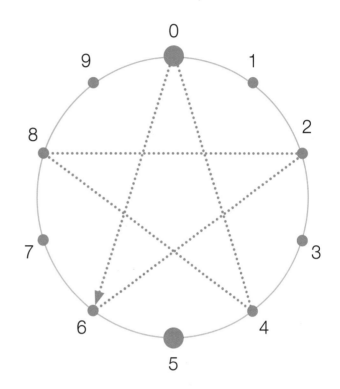

나를 몇 단에서 만났었는지 기억나니?

누가 누가 짝꿍일까?

지난 밤에 데카와 공부한 6단이 좀 이상해요.

생각해보니 4단과 6단의 모양이 똑같았거든요.

데카구구 4단   데카구구 6단

곰곰이 생각해 보니 1단과 9단도 모양이 같네요?

잠시 생각에 잠겨 있는 사이 데카가 찾아왔어요.

고은이는 데카를 보자마자 궁금함을 참지 못하고 물었어요.

데카구구 1단   데카구구 9단

"데카! 궁금한 게 있어. 4단과 6단의 모양이 똑같고,
1단과 9단의 모양도 똑같아. 왜 그런거야?"
"먼저 질문을 하다니 대견한걸? 모양이 똑같은 이유는
말이지, 일단 내 몸을 잘 봐! "

우와~ 신기한 일이 일어났어요!
데카가 몸을 반으로 접었지 뭐예요?!
"내 몸을 반으로 접으면 서로 만나는 점들이 있지?
9와 1, 8과 2, 7과 3, 6과 4. 이 숫자들은 서로
짝꿍이야. 구구단 모양이 서로 같아!"

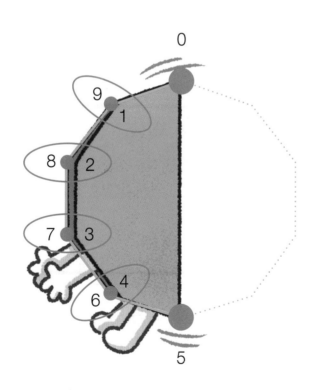

7씩 묶어 세볼까요?
7개씩 묶어 세어보고, 빈칸을 채워보세요.

7개씩 1묶음은 [7] 개

앞의 수에서 7씩 더하면 되겠군!

7개씩 2묶음은 [14] 개

7개씩 3묶음은 [ ] 개

7개씩 4묶음은 [ ] 개

7개씩 5묶음은 [ ] 개

104

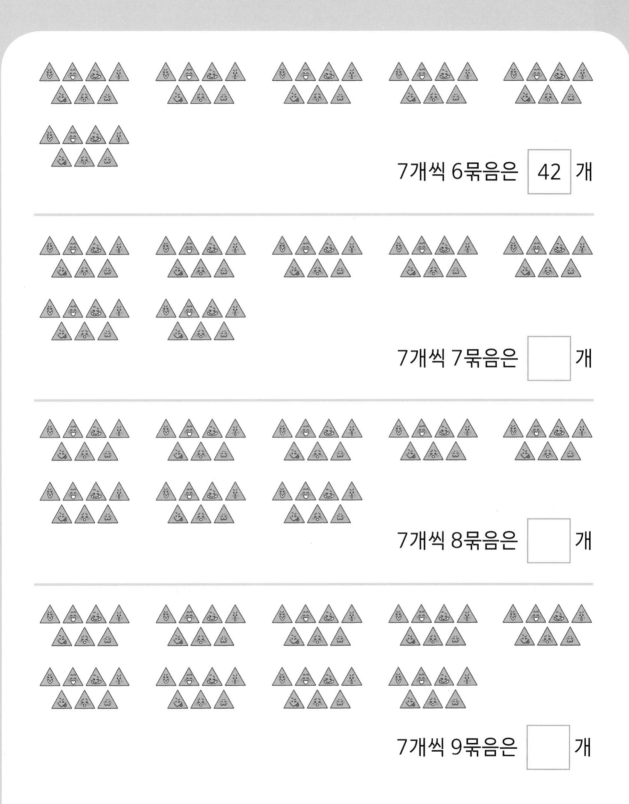

7개씩 6묶음은 42 개

7개씩 7묶음은 ☐ 개

7개씩 8묶음은 ☐ 개

7개씩 9묶음은 ☐ 개

7칸씩 뛰어 세며, 빈칸을 채워보세요.

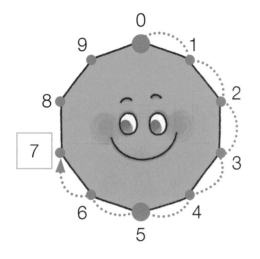

0	7	14	21	28
35	42	49	56	63

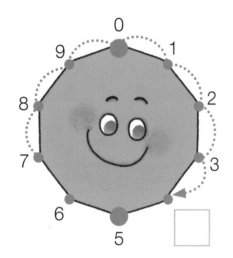

0	7	14	21	28
35	42	49	56	63

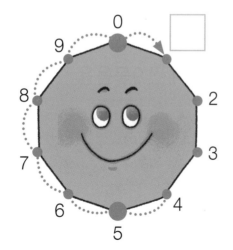

0	7	14	21	28
35	42	49	56	63

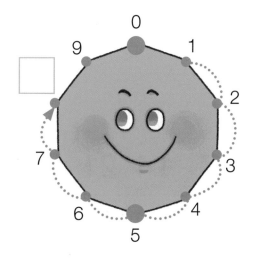

0	7	14	21	28
35	42	49	56	63

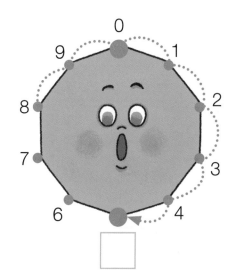

0	7	14	21	28
35	42	49	56	63

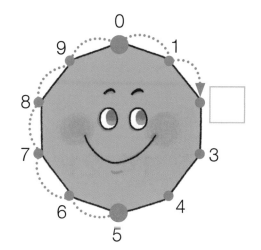

0	7	14	21	28
35	42	49	56	63

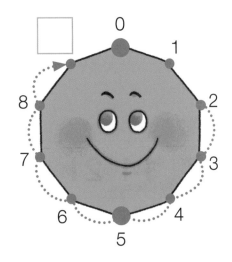

0	7	14	21	28
35	42	49	56	63

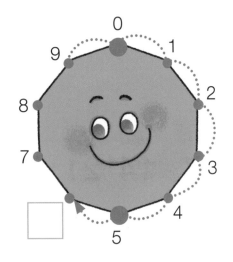

0	7	14	21	28
35	42	49	56	63

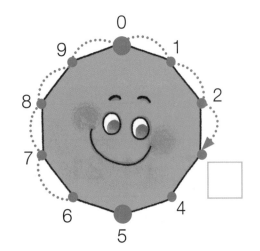

0	7	14	21	28
35	42	49	56	63

7칸씩 뛰어 세며, 곱셈으로 나타내보세요.

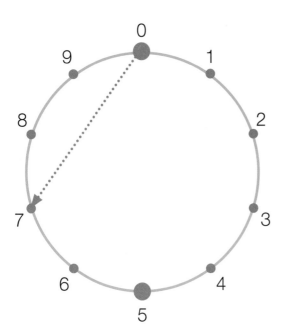

7×1=7

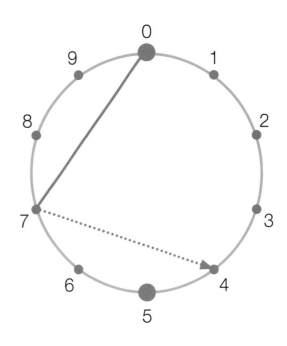

7×2=14

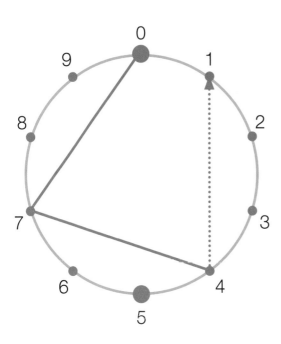

7×3=21

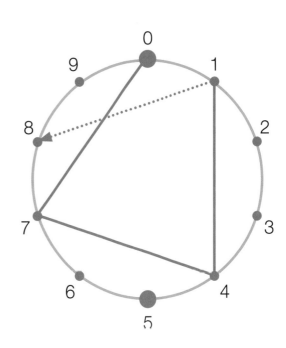

7×4=(　　)

7칸씩 뛰어 세며, 곱셈으로 나타내보세요.

7×5=(　　)

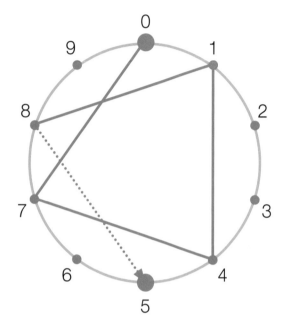

어디서 많이 본 모양 같지 않니?

7×6=42

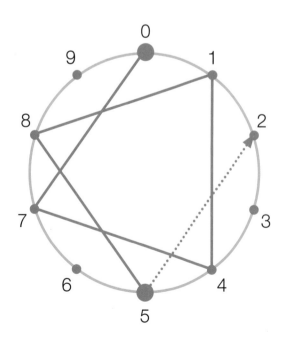

7×7=(　　)

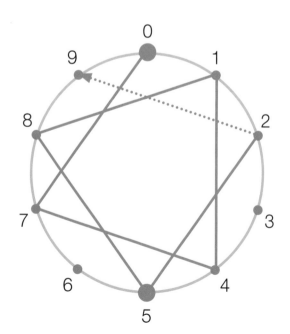

7×8=(　　)

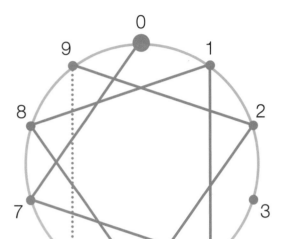

7×9=(　　)

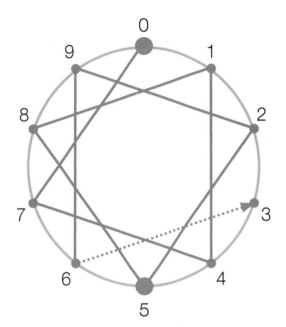

7×10=70

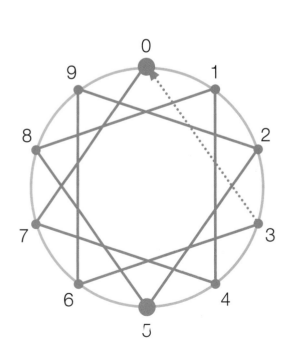

짠! 7단도
해님 모양
이라고!

7단을 소리 내어 읽으며, 점선을 따라 그려보세요.

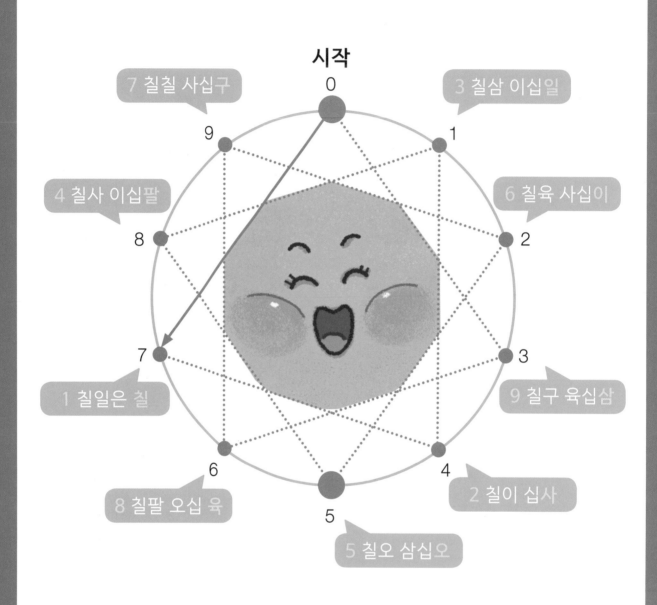

시작

7 칠칠 사십구

3 칠삼 이십일

4 칠사 이십팔

6 칠육 사십이

1 칠일은 칠

9 칠구 육십삼

8 칠팔 오십 육

2 칠이 십사

5 칠오 삼십오

어라? 3단과 모양은 같지만 방향은 다르네!

점선을 따라 그린 후, 〈데카구구 7단〉의 빈칸을 채워보세요.

7단

7 × 1 =

7 × 2 =

7 × 3 =

7 × 4 =

7 × 5 =

7 × 6 =

7 × 7 =

7 × 8 =

7 × 9 =

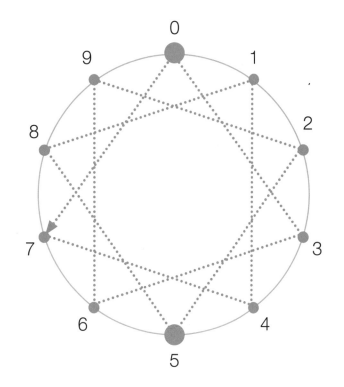

7의 짝꿍은 3.
그래서 7단과
3단은 둘 다 해님
모양이지!

안녕, 데카

'3단과 7단은 해님 모양이고, 4단과 6단은 별 모양이었지?
그럼 8단은 무슨 모양일까?'

그날 밤 고은이는 데카를 만나자마자 물었어요.

"데카! 8단은 무슨 모양이야?"

"잠깐만 고은아. 이때까지 배운 구구단을 떠올려봐."

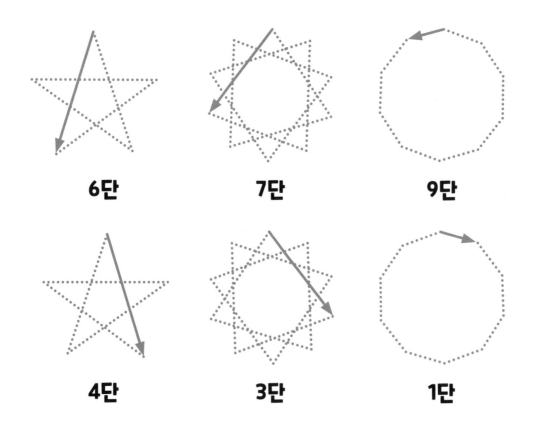

6단	7단	9단
4단	3단	1단

"단지 그리는 방향이 반대일 뿐, 모양은 똑같지?"

"데카, 그럼 8단은 2단과 모양이 같으려나…?"

"왜 그렇게 생각했니?"

"그야… 아직 2단과 같은 모양은 없었으니까."

"그럼 고은아, 우리 같이 확인해볼까?"

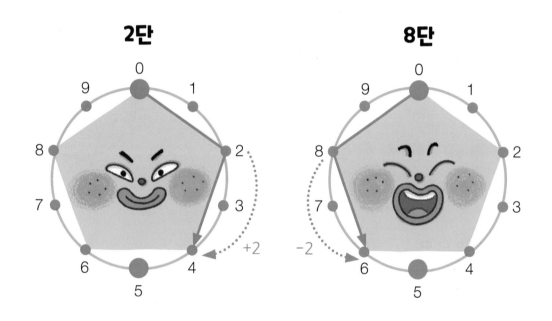

"2, 4, 6… 2단은 일의 자리가 2씩 커지는 거야!"

"그렇지! 그럼 고은아, 8단도 한번 살펴볼까?"

"음… 8, 6, 4, 2… 8단은 반대로 일의 자리가 2씩
작아지는 건가…?"

"그래 바로 그거야! 8단은 2단과 반대로 일의 자리 수가 2씩
작아지지. 이제 함께 8단을 공부하러 가도 되겠는걸?"

8씩 묶어 세볼까요?
8개씩 묶어 세어보고, 빈칸을 채워보세요!

8개씩 1묶음은 8 개

8개씩 2묶음은 16 개

앞의 수에 8씩 더하면 될까?

8개씩 3묶음은 ☐ 개

8개씩 4묶음은 ☐ 개

8개씩 5묶음은 ☐ 개

8개씩 6묶음은 48 개

8개씩 7묶음은 □ 개

8개씩 8묶음은 □ 개

8개씩 9묶음은 □ 개

8칸씩 뛰어 세며, 빈칸을 채워보세요.

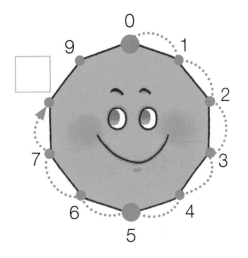

0	8	16	24	32
40	48	56	64	72

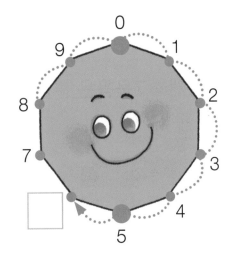

0	8	16	24	32
40	48	56	64	72

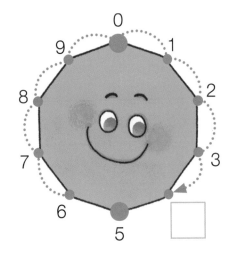

0	8	16	24	32
40	48	56	64	72

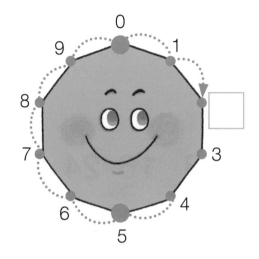

0	8	16	24	32
40	48	56	64	72

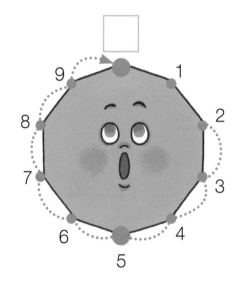

0	8	16	24	32
40	48	56	64	72

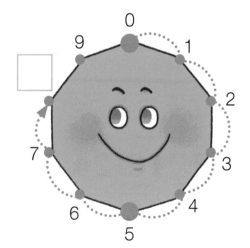

0	8	16	24	32
40	48	56	64	72

8칸씩 뛰어 세며, 빈칸을 채워보세요.

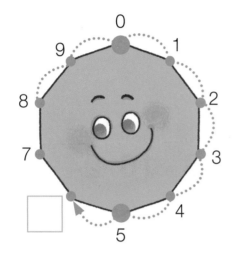

0	8	16	24	32
40	48	56	64	72

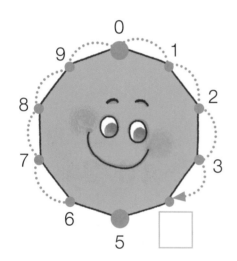

0	8	16	24	32
40	48	56	64	72

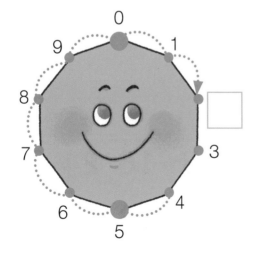

0	8	16	24	32
40	48	56	64	72

8×1=8

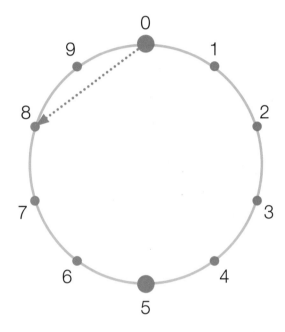

8×2=16

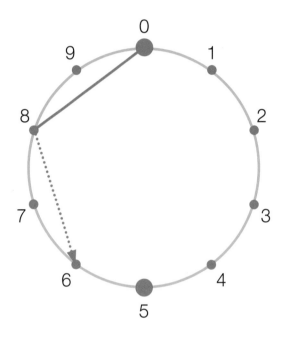

8×3=(   )

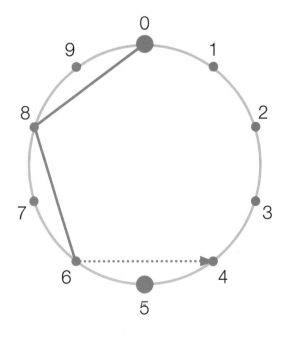

8×4=(   )

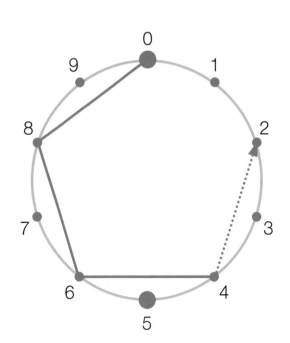

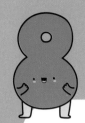

8칸씩 뛰어 세며, 곱셈으로 나타내보세요.

8×5=(　　)

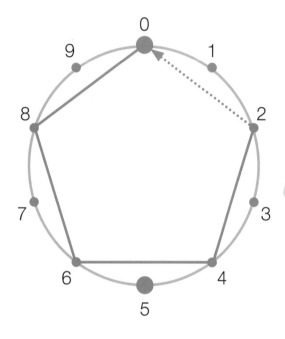

그리는 방향은 반대지만 2단과 똑같은 모양 이구나!

8×6=48

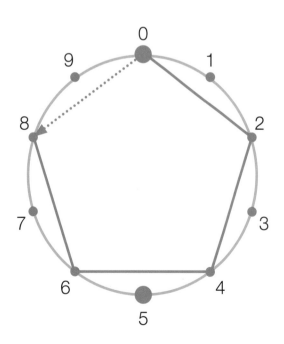

8×7=(　　)

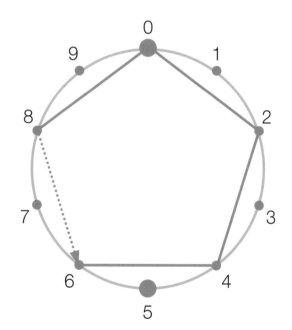

8×8=(　　)

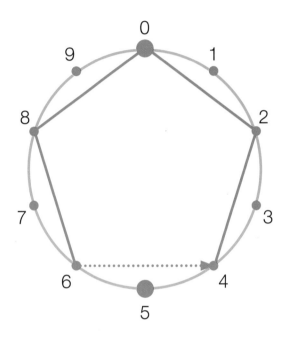

8×9=(　　)

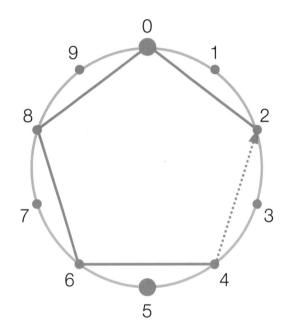

8×10=80

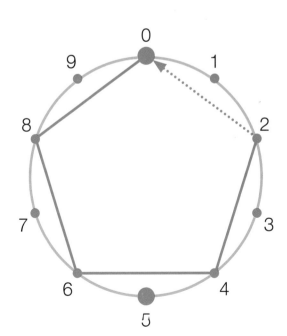

8단을 순서대로
연결하면
바로 나야!

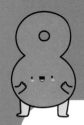

8단을 소리 내어 읽으며 점선을 따라 그려보세요.

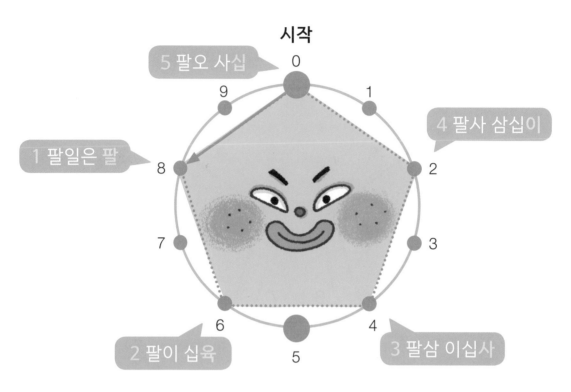

시작

5 팔오 사십

1 팔일은 팔

2 팔이 십육

3 팔삼 이십사

4 팔사 삼십이

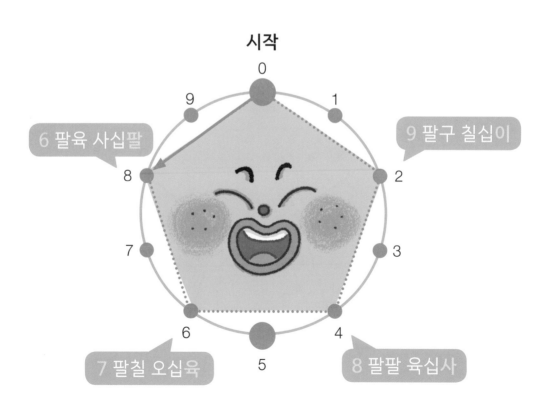

시작

6 팔육 사십팔

9 팔구 칠십이

7 팔칠 오십육

8 팔팔 육십사

점선을 따라 그린 후, <데카구구 8단>의 빈칸을 채워보세요.

8단

8 × 1 = ☐

8 × 2 = ☐

8 × 3 = ☐

8 × 4 = ☐

8 × 5 = ☐

8 × 6 = ☐

8 × 7 = ☐

8 × 8 = ☐

8 × 9 = ☐

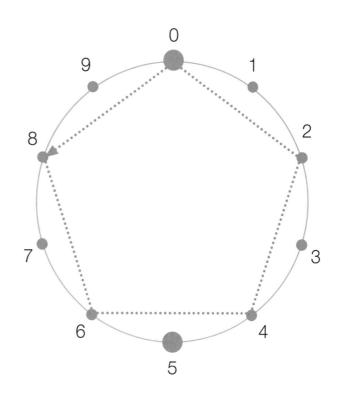

8단과 2단은 모양이 똑같아!
우리 쌍둥이처럼 말이지!

"이제 구구단을 모두 할 수 있게 되었구나!"

데카가 감격스러운 듯 말했어요.

"데카야 정말 고마워! 네가 아니었으면 아직도 구구단을 외우고 있을 뻔했지 뭐야."

"천만에~ 고은이가 열심히 공부한 덕분이지!"

"이제 구구단 공부가 모두 끝났으니, 너와 만날 수 없는 거야?"

고은이가 걱정스럽게 물었어요.

"그럴 리가! 아직 우리가 함께 할 수학 이야기는 많다구!"

"정말?"

"물론이지! 내가 또 찾아올게."

고은이의 표정이 환하게 밝아졌어요.

"약속이야! 꼭 다시 만나는 거야.
안녕, 데카."

데카구구단 한눈에 정리하기
점을 연결하여 1단부터 9단까지 모두 따라 그려보세요.

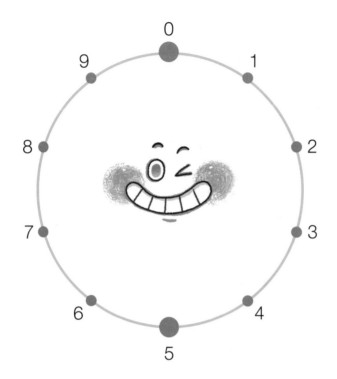

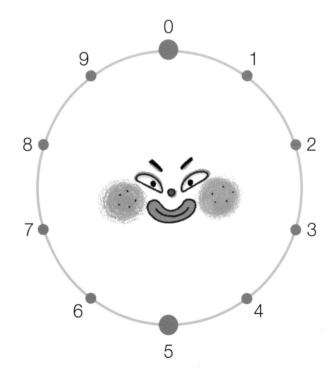

3단

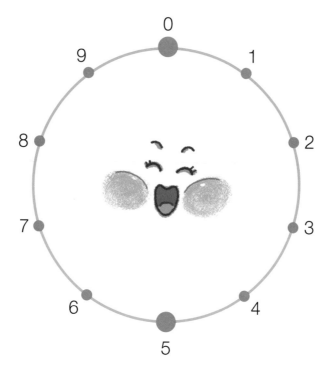

4단

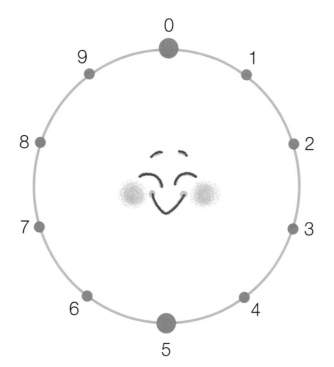

데카구구단 한눈에 정리하기
점을 연결하여 1단부터 9단까지 모두 따라 그려보세요.

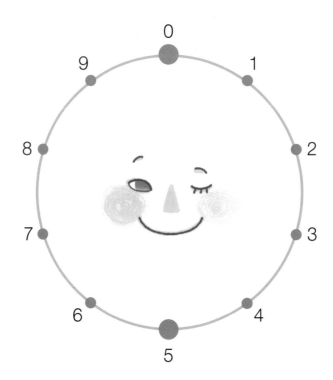

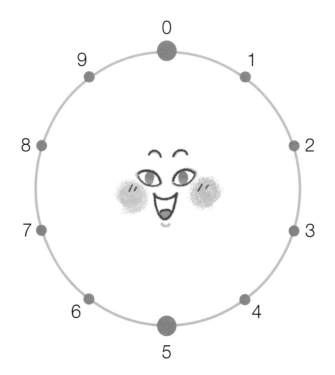

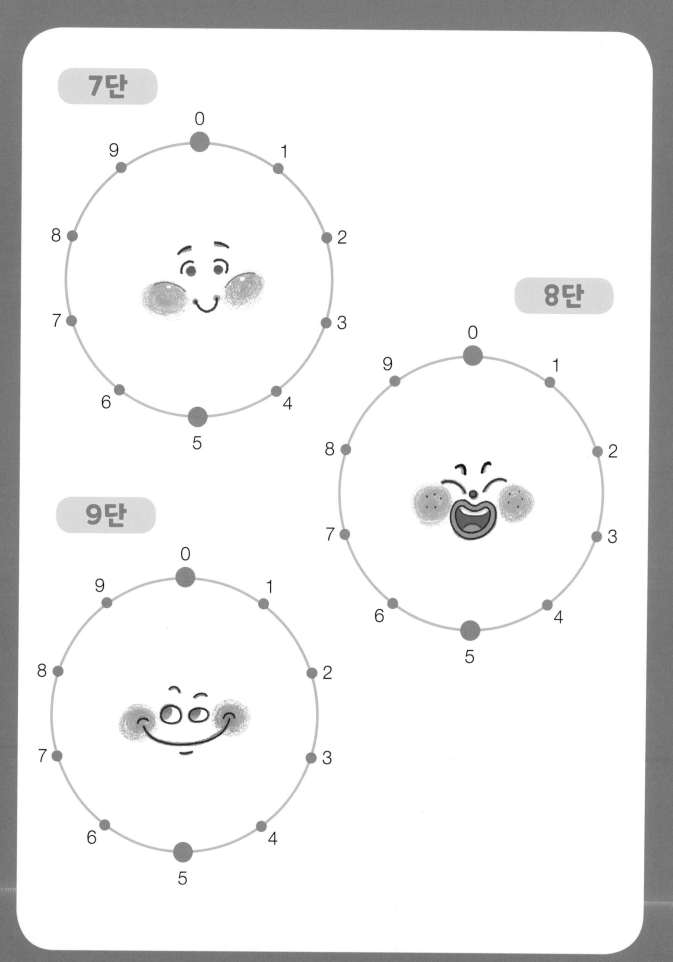

7단

8단

9단

Part 2

구구단의
확장

1

수의
세계로!

2단
짝수와 홀수

오각형 쌍둥이가 손을 잡고 줄 서 있어요. 둘씩 짝을 지어볼까요?

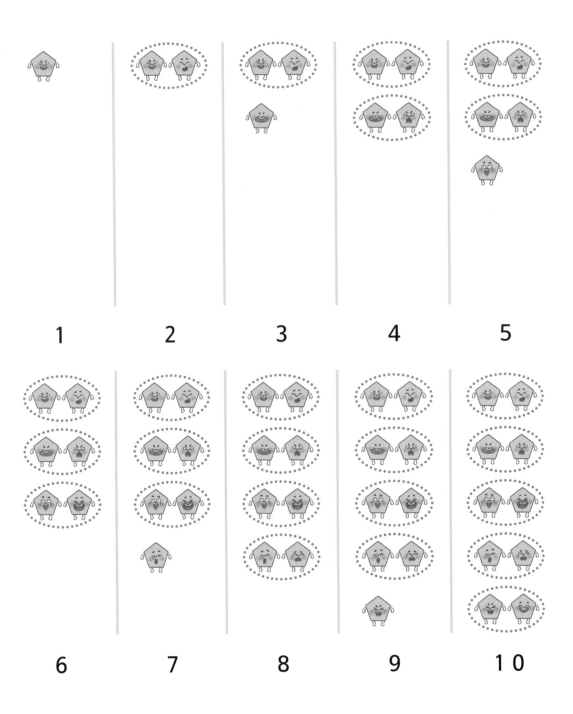

둘씩 짝을 지을 수 있는 수는 2, 4, 6, 8, 10 이에요.

둘씩 짝을 지은 후 한 명이 남는 수는 1, 3, 5, 7, 9 이지요.

2, 4, 6, 8, 10 처럼 둘씩 짝 지을 수 있는 수를 '짝수',

1, 3, 5, 7, 9 처럼 둘씩 짝 지을 수 없는 수는 '홀수'라고 해요.

구구단 2단은 '짝수'와 관련이 있어요.

2단

$2 \times 1 =$ | 2 | $2 \times 6 =$ | 12 |

$2 \times 2 =$ | 4 | $2 \times 7 =$ | 14 |

$2 \times 3 =$ | 6 | $2 \times 8 =$ | 16 |

$2 \times 4 =$ | 8 | $2 \times 9 =$ | 18 |

$2 \times 5 =$ | 10 |

2단의 결과를 살펴볼까요?

2, 4, 6, 8, 10, 12, 14, 16, 18··· 모두 '짝수'예요!

2단은 짝이 있는 수, '짝수'로 이루어져 있어요.

몇 개인지 세어보고, 빈칸을 채워보세요.
짝수인지 홀수인지 알아본 후 동그라미로 표시하세요.

[ ] 개

짝수 | 홀수

[ ] 개

짝수 | 홀수

[ ] 개

짝수 | 홀수

[ ] 개

짝수 | 홀수

[ ] 개

짝수 | 홀수

[ ] 개

짝수 | 홀수

짝수를 따라 데카를 만나러 가볼까요?

5	4	2 ←

11	6	13	15	17	19	21	23
29	8	10	12	31	33	22	24 →
39	41	43	14	16	18	20	45

홀수를 따라 해님을 만나러 가볼까요?

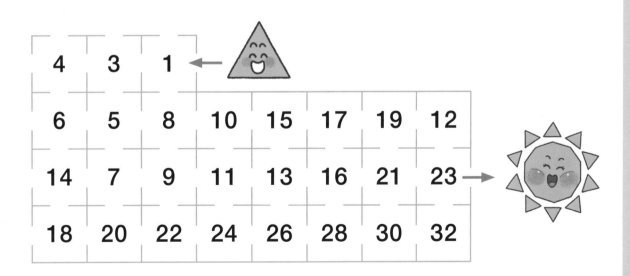

4	3	1 ←

6	5	8	10	15	17	19	12
14	7	9	11	13	16	21	23 →
18	20	22	24	26	28	30	32

10이 되는 짝꿍수

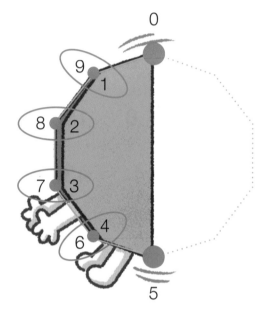

숫자도 짝꿍이 있다는 사실을 알고 있나요? 데카를 반으로 접었을 때, 서로 만나는 두 수가 짝꿍이에요. 1과 9, 2와 8, 3과 7, 4와 6은 서로 짝꿍이지요.

서로 짝꿍인 수를 간단히 '짝꿍수'라고 부르기로 할까요?

짝꿍수

| 1 9 | 2 8 | 3 7 | 4 6 |

그런데 이 짝꿍수는 특별한 성질이 있어요. 먼저, 짝꿍수는 서로 더하면 10이 돼요. 예를 들면, 짝꿍수인 1과 9를 서로 더하면 10이 되지요.

짝꿍수의 덧셈

| 1+9=10 | 2+8=10 |
| 3+7=10 | 4+6=10 |

그럼 5의 짝꿍수는 무엇일까요? 5의 짝꿍수는 바로 자기 자신, 5예요.

왜냐하면 5 더하기 5를 하면 10이 되기 때문이지요.

$$5+5=10$$

다음으로 짝꿍수끼리는 구구단 도형 모양이 같아요. 그래서 우리는 6단, 7단,

8단, 9단을 외우지 않고도 그림을 그려보면 알 수 있지요.

139

짝꿍수로 10을 나누어볼까요?

□ 안에 알맞은 수를 넣으세요.

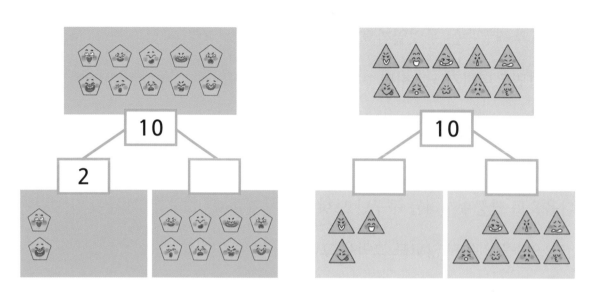

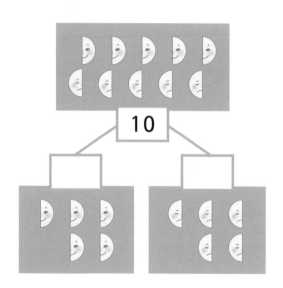

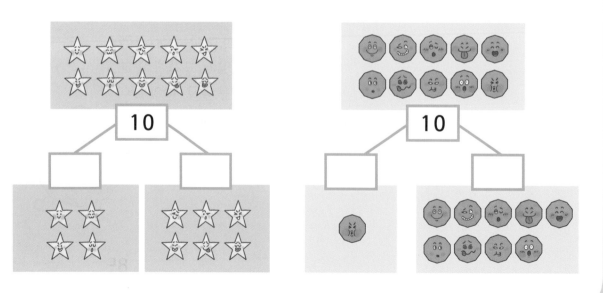

모양이 같은 구구단끼리 연결해보세요.

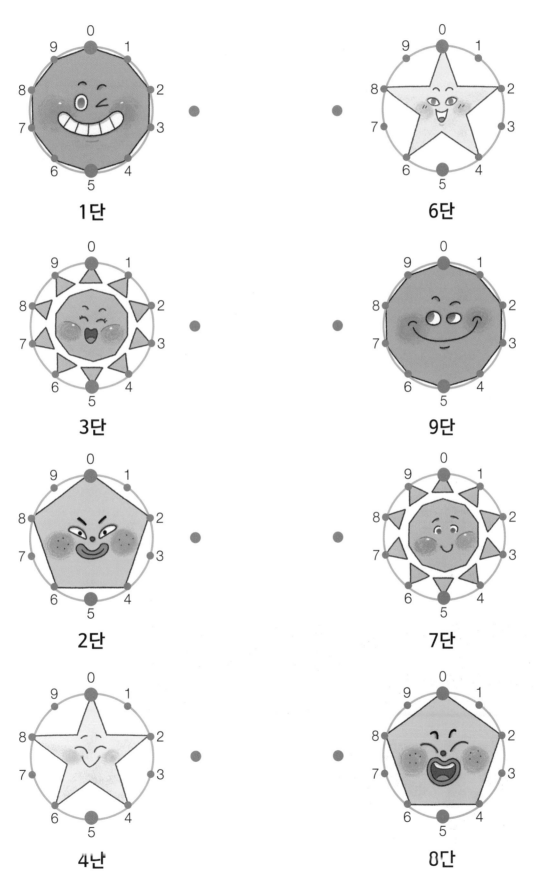

1단

6단

3단

9단

2단

7단

4단

8단

Part 2

구구단의
확장

2

규칙으로 더 쉽게!

9단

손가락으로 더 쉽게 규칙을 찾아봐!

거꾸로나라에서 배운 '거꾸로 규칙'을 기억하고 있나요?

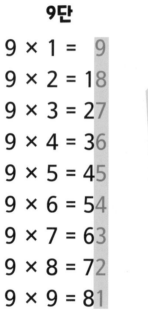

9단

9 × 1 = 9
9 × 2 = 18
9 × 3 = 27
9 × 4 = 36
9 × 5 = 45
9 × 6 = 54
9 × 7 = 63
9 × 8 = 72
9 × 9 = 81

9단에는
거꾸로 규칙이
숨어 있었지!
(76쪽 참조)

이처럼 수학의 곳곳에는 규칙들이 숨겨져 있어요.

규칙을 발견하면 수학이 훨씬 편리하고 쉬워져요.

9단의 일의 자리가 1씩 작아진다는 것이 바로 '거꾸로 규칙'이에요. 9단에는

'거꾸로 규칙'이 숨어 있다는 것을 알면 그 다음에 올 숫자를 생각하기 쉽지요.

그래도 좀 어렵다구요?

그렇다면 손가락으로 아주 쉽게 구구단 9단을 하는 방법이 있어요.

양손을 쫙 펴고 손가락 9단을 따라 해보아요.

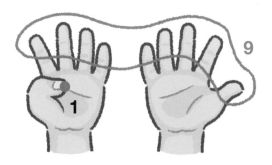

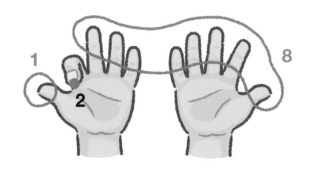

9×1=9(구 일은 구)   9×2=18(구 이 십팔)

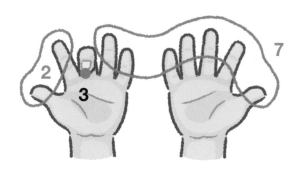

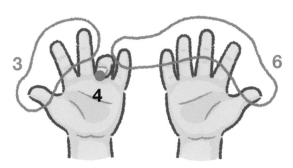

9×3=27(구 삼 이십칠)   9×4=36(구 사 삼십육)

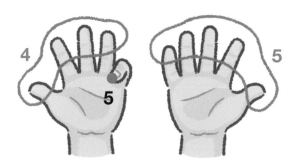

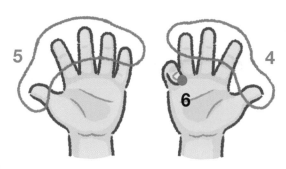

9×5=45(구 오 사십오)   9×6=54(구 육 오십사)

양손을 짝 펴고 손가락 9단을 따라 해보아요.

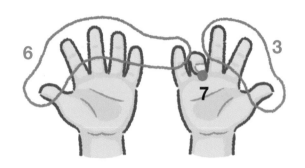

$9×7=63$(구 칠 육십삼) $9×8=72$(구 팔 칠십이)

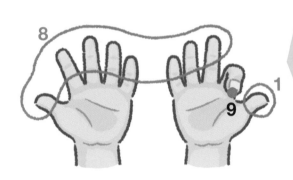

$9×9 = 81$(구 구 팔십일)

우와~ 정말 신기해! 손가락을 순서대로 접어보니 9단이 되네?

우리가 앞에서 배운 거꾸로 규칙을 이용했을 뿐이야.

규칙은 참 편리한 것 같아. 무작정 외우는 건 생각만 해도 끔찍하다구!

좋아. 그럼 손가락 9단을 연습해볼까?

146

빈칸에 알맞은 수를 넣으세요.

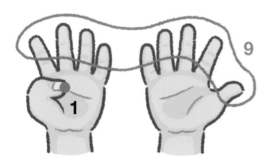

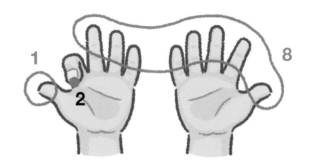

$9 \times 1 = \boxed{}$　　　　$9 \times 2 = \boxed{1}$

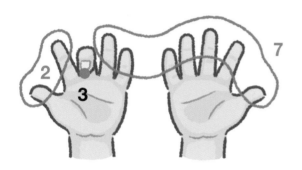

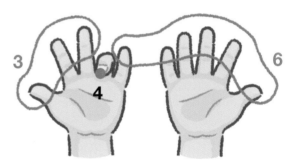

$9 \times 3 = \boxed{2}$　　　　$9 \times 4 = \boxed{3}$

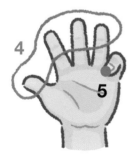   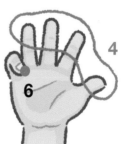

$9 \times 5 = \boxed{4}$　　　　$9 \times 6 = \boxed{5}$

빈칸에 알맞은 수를 넣으세요.

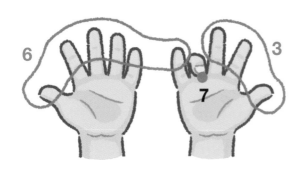

$$9 \times 7 = \boxed{6}$$

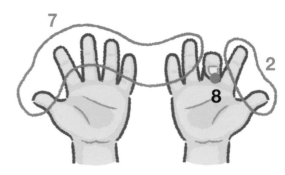

$$9 \times 8 = \boxed{7}$$

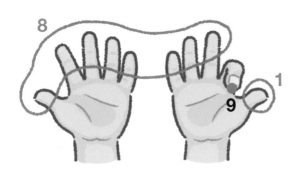

$$9 \times 9 = \boxed{8}$$

이제는
9단도 어렵지
않다고!

3단
휴대전화로 더 쉽게 규칙을 찾아봐!

연필로 한참 동안 3단 도형을 그리다 말고 고은이가 말했어요.

"데카, 그런데 3단 말이야… 해님 모양은 어려운 것
같아. 3단은 이렇게 선이 복잡하니까 그리기 힘들어."

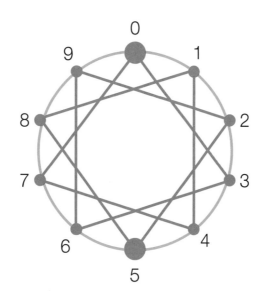

"흠… 그러네. 좀 어려울 수도 있겠어. 그럼 손가락
9단처럼 규칙을 한번 이용해볼까?"

데카의 말을 듣자 고은이의 눈이 순간 반짝였어요.

"우와~ 3단에도 무슨 규칙이 있는 거야?"

"그럼 있고 말고. 수학의 모든 곳에는 규칙이 숨어 있지.
휴대전화 숫자 패드로도 구구단 공부를 할 수 있다고!"

휴대폰 3단을 소리 내어 따라 해보세요.

3단은
3부터 시작!

3×1=3 (삼 일은 삼)

3×2=6 (삼 이 육)

3×3=9 (삼 삼은 구)

3×4=12 (삼 사 십이)

3×5=15 (삼 오 십오)

3×6=18 (삼 육 십팔)

3×7=21 (삼 칠 이십일)

3×8=24 (삼 팔 이십사)

3×9=27 (삼 구 이십칠)

우와~
휴대전화 숫자 패드
속에 이런 규칙이 숨어
있을 줄이야!

규칙을 이용
하면 3단도 외울
필요가 없지!

빈칸에 알맞은 수를 넣으세요.

3×1= 3

3×2=

3×3=

3×4= 1

3×5= 1

3×6= 1

3×7= 2

3×8= 2

3×9= 2

7단의 규칙을 찾아봐!

"데카! 나 뭔가를 발견한 것 같아. 어서 이리 와봐!"

"오호~ 뭔데?"

"이거 봐. 휴대전화 속에 이렇게 3단의 규칙이 숨어 있었잖아."

3×1= 3

3×2=6

3×3=9

"다른 구구단도 될까 싶어 살펴봤는데… 7단도 되는 거 있지?"

"오! 정말이네? 같이 한번 해볼까?"

7×1= 7

7×2=14

7×3=21

153

휴대전화 7단을 소리 내어 따라 해보세요.

7단은
7부터 시작!

7×1=7 (칠 일은 칠)

7×2=14 (칠 이 십사)

7×3=21 (칠 삼 이십일)

7×4=28 (칠 사 이십팔)

7×5=35 (칠 오 삼십오)

7×6=42 (칠 육 사십이)

7×7=49 (칠 칠 사십구)

7×8=56 (칠 팔 오십육)

7×9=63 (칠 구 육십삼)

짜잔!
7단도 휴대전화
숫자 패드로
된다구!

우와~ 그렇네?
스스로 규칙을 발견
하다니. 고은아,
정말 대단한걸!

"우와~ 정말이네? 대단해 고은아!"

"후훗. 이 정도쯤이야."

"그런데 어떻게 이런 생각을 했어?"

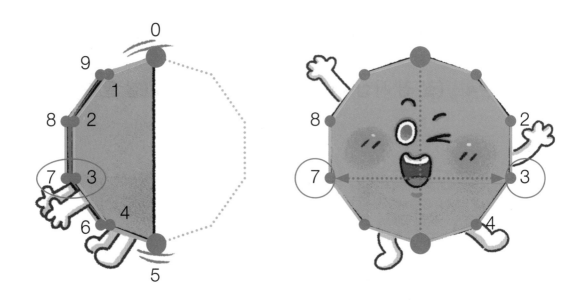

"3의 짝꿍수가 7이잖아.

그래서 혹시 7단도 같은 규칙으로 될까 싶어서

살펴봤거든? 그런데 7단도 되는 거 있지!"

"이야~ 정말 멋진 생각을 했구나! 지금처럼 관심을

가지고 하나하나 알아가다 보면, 수학을 훨씬 더

잘하게 될 거라구!"

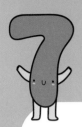

빈칸에 알맞은 수를 넣으세요.

7×1= ☐

7×2= 1

7×3= 2

7×4= 2

7×5= 3

7×6= 4

7×7= 4

7×8= 5

7×9= 6

필요성 인식

우리는 왜 구구단을 배워야 할까?

 수의 성질

어떤 수에 1을 곱하면 어떻게 될까?

 **수의 성질**

어떤 수에 0을 곱하면 어떻게 될까?

2단

 **수의 성질**

2단의 답은 모두 홀수일까? 짝수일까? 왜 그럴까?

 동수누가

2+2+2를 곱셈으로 나타내볼까?

 동수누가

2×4는 2를 몇 번 더한 것일까?

3단

 도형

우리 주변에서 세모 모양인 것을 찾아볼까?

 도형

삼각형에는 꼭짓점과 변이 각각 몇 개 있을까?

 도형

3단 구구단을 따라 그리면 어떤 모양이 될까?

도형

에 이름을 붙여볼까?

 도형

사각형에는 꼭짓점과 변이 각각 몇 개 있을까?

 도형

4단 구구단을 따라 그리면 어떤 모양이 될까?

5단

 규칙성

50이 나올 때까지 5씩 뛰어 세어볼까?

 규칙성

5단의 일의 자릿수는 무엇과 무엇이 반복될까?

 규칙성

우리 주변에서 반복되는 규칙이 있는 것을 더 찾아볼까?

6단

 교환법칙

답이 12가 되는 곱셈을 모두 찾아볼까?

 교환법칙

6×3와 결과의 값이 같은 곱셈은 무엇이 있을까?

 교환법칙

곱셈에서 곱하는 두 수의 자리를 바꾸면 답은 같을까? 다를까?

7단

 10의 보수

더해서 10이 되는 두 수는 무엇이 있을까?

 10의 보수

7단을 그리면 몇 단과 같은 모양이 될까? 왜 그렇게 생각해?

 10의 보수

같은 모양이 나오는 구구단을 모두 말해볼까?

소감 정리

구구단 공부를 하면서 어떤 부분이 가장 흥미로웠니?

 소감 정리

가장 어려운 구구단은 몇 단이었니? 어떤 부분이 어려웠니?

9단

 규칙성

9단에는 어떤 규칙이 숨어 있을까?

 규칙성

우리가 배운 손가락 9단을 함께 해볼까?

 **에필로그**

어느새 구구단을 완주하게 되었습니다. 아이들 곁에서 믿어주고 도와주신 부모님 덕분에 말이지요. 힘들고 어려울 때도 있었을 듯합니다. 그때마다 아이들을 잘 독려하며 여기까지 오신 부모님들에게 새삼 대단함을 느낍니다. 지금은 모르더라도 우리 아이들이 더 자라면 부모님의 노고를 알게 될 날이 올 것입니다.

스티브 잡스는 "창의력은 연결하는 능력이다"라고 말했습니다. 다시 말해 창의력은 '세상에 없는 새로운 것을 만들어내는 게 아니라 이미 알고 있는 것을 연결하는 능력'이라는 것이지요. 이 책『초등 도형 구구단 완주 따라 그리기』를 공부하는 동안 아이들은 구구단과 여러 가지를 '연결'합니다. 구구단과 도형은 전혀 관계가 없어 보이지만 둘을 연결하면 다양한 패턴을 그려내지요. 구구단이 우리 주변의 사물들, 이를테면 손가락이나 휴대전화 등과 연결되면 흥미로운 규칙들이 드러납니다.

부모님께서 '데카'처럼 아이들과 함께하시는 동안 아이들도 조금은 수학을 친숙하게 느꼈을 것입니다. 거부감만 줄여도 아이들에게는 큰 발전이지요. 아이들의 창의력은 인내하고 견디는 시간 속에서 자라지 않습니다. 그러니 친숙하게 다가가 재미있게 공부할 수 있게 해주어야 하지요.

그런데 학교에서 보면 우리 아이들은 견디고 인내하는 공부를 너무 많이 합니다. 견딜수록, 인내할수록 잘해야 하는데 쫓기듯 공부하니 오히려 중요한 것들을 놓치고 갑니다. 수학만 해도 시각과 시간, 나눗셈과 분수 같은 내용은 아이들이

많이 어려워합니다. 급할수록 돌아가야 합니다. 흥미롭게 시작하여 천천히 하나씩 알아가다 보면 공부하는 과정이 즐거워지고, 결과적으로 잘하게 됩니다.

이는 비단 수학뿐만 아니라 다른 과목도 그렇습니다. 저도 한때는 아이들에게 문제를 많이 풀게 하는 반복 연습으로 어떻게든 공부를 시키려던 시절도 있었습니다. 하지만 이런 방식으로는 아이들을 끝까지 끌고 갈 수 없었습니다. 부모님과 선생님, 학원 등이 언제까지나 아이들을 밀고 끌며 갈 수는 없으니까요. 결국에는 스스로 해야 잘하게 됩니다. 스스로 하게 하려면 흥미가 있어야 합니다. 이 책 『초등 도형 구구단 완주 따라 그리기』를 통해 아이들이 공부하는 재미를 조금이나마 느낄 수 있었다면 더할 나위가 없겠습니다.

더불어 이 책이 세상에 나올 수 있게 해준 서사원과 장선희 대표님에게 감사드립니다. 길을 잃을 때마다 의지가 되는 현욱에게 고맙습니다. 무엇보다 사랑하는 아내 은영에게 진심으로 감사의 마음을 전합니다. 귀여운 딸 고은이가 건강하게 자라면 소원이 없겠습니다.

마지막으로 고생하시는 육아 동지 우리 부모님 여러분, 먼 여정일수록 함께 가면 멀리 갑니다. 우리 함께 완주하는 날이 오길 진심으로 바라며, 늘 여러분을 응원하겠습니다.

남택진 드림

답안지

16~17쪽

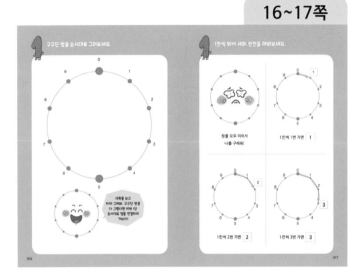

18~19쪽

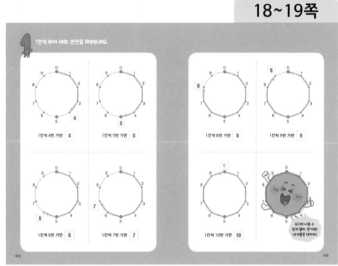

20~21쪽

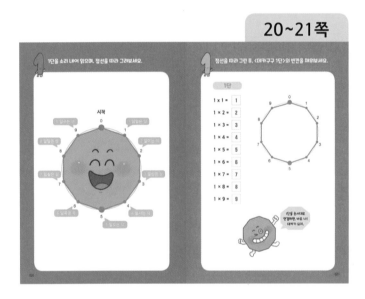

26~27쪽

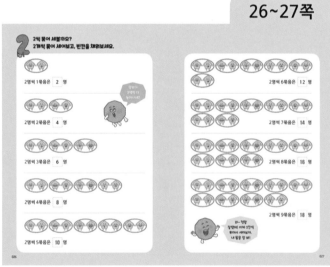

28~29쪽

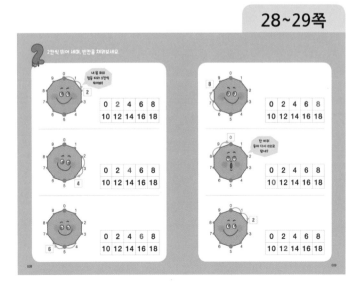

30~31쪽

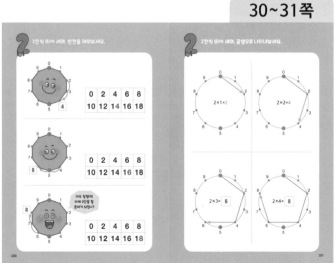

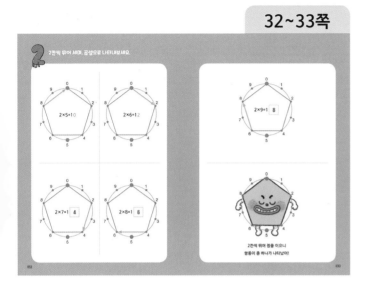

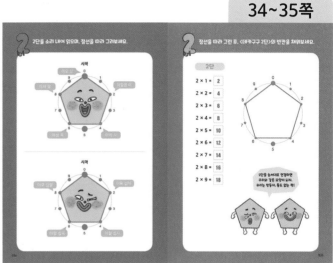

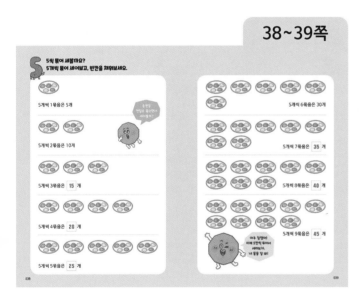

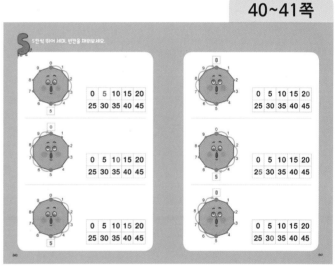

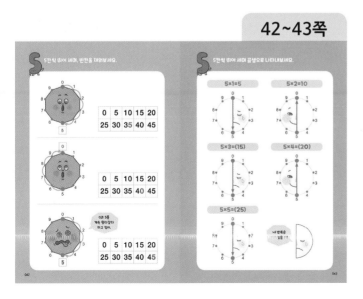

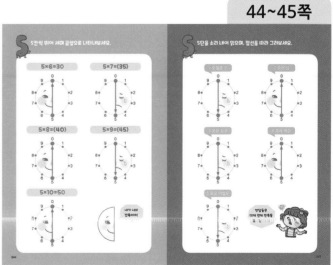

답안지

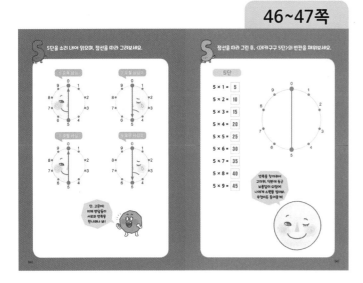

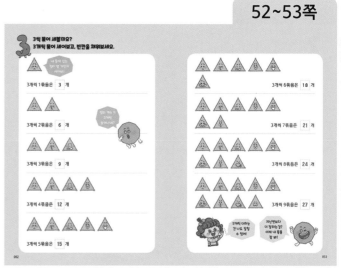

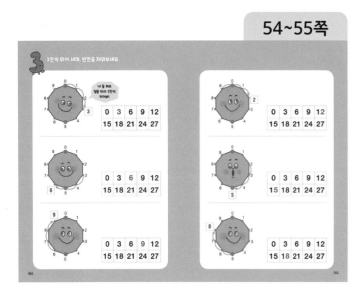

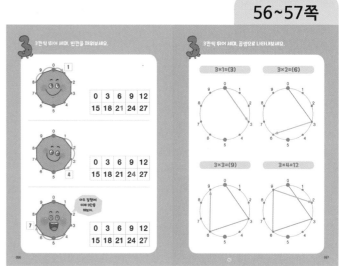

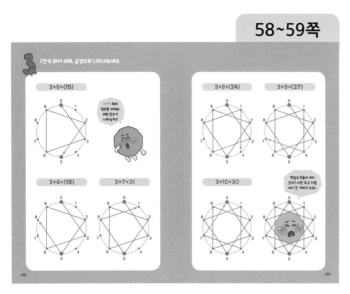

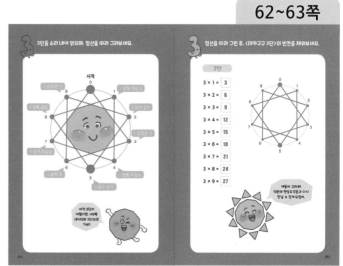

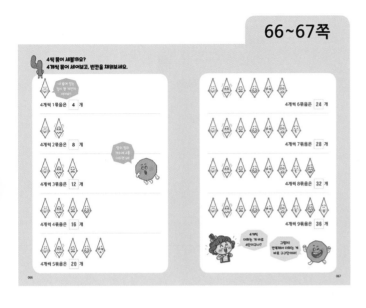

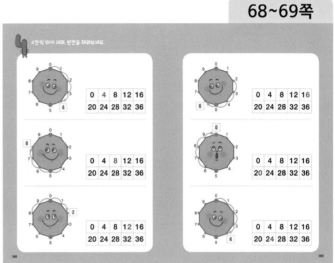

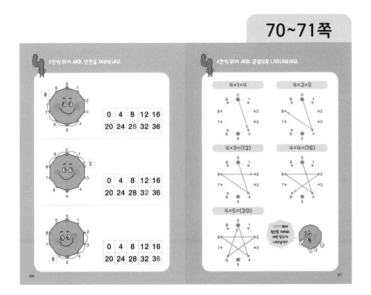

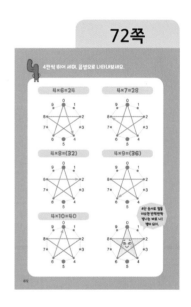

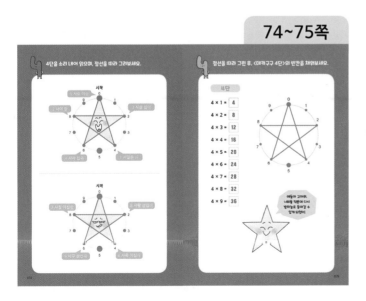

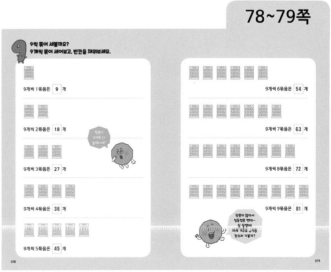

답안지

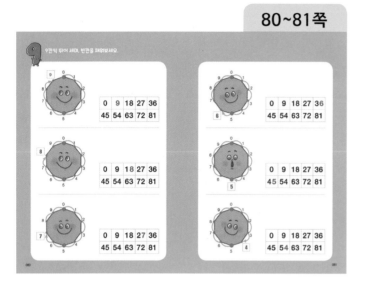

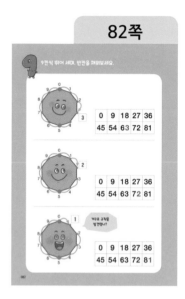

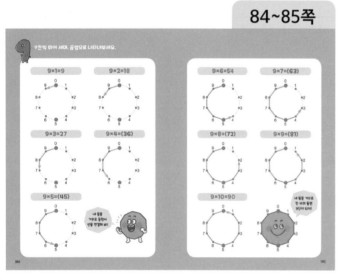

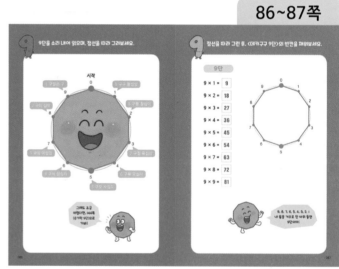

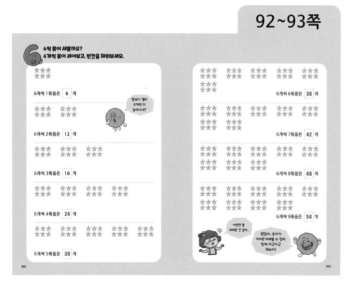

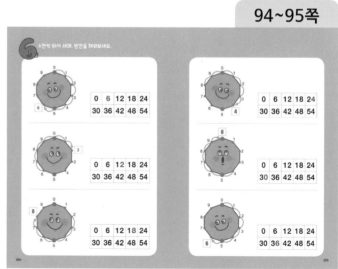

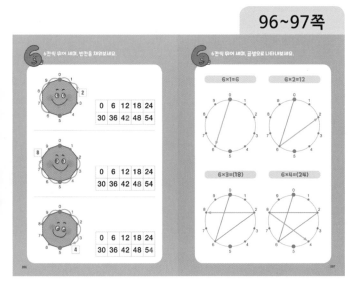

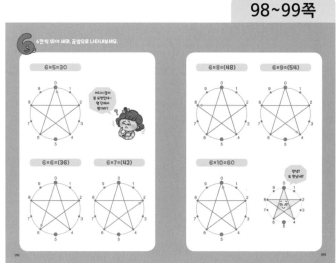

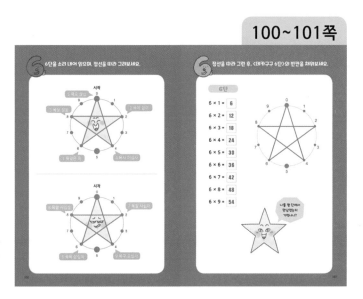

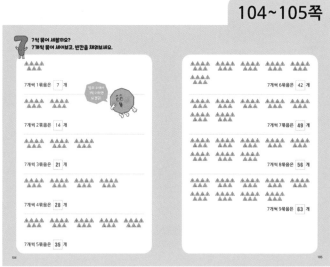

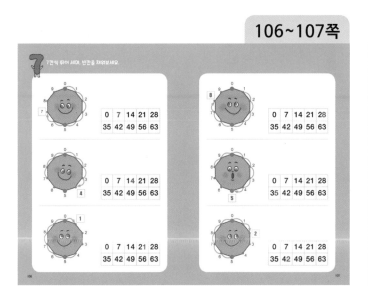

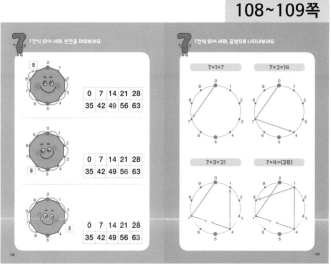

 답안지

110~111쪽

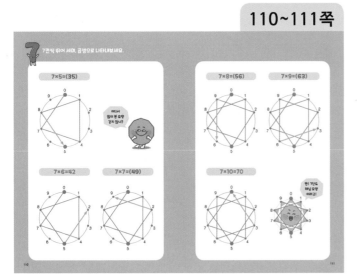

112~113쪽

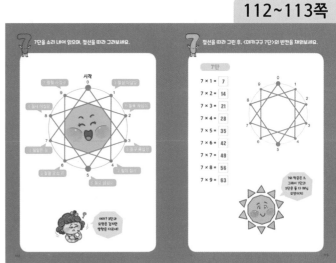

116~117쪽

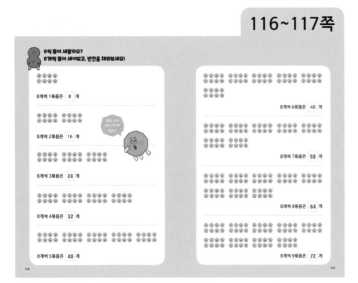

118~119쪽

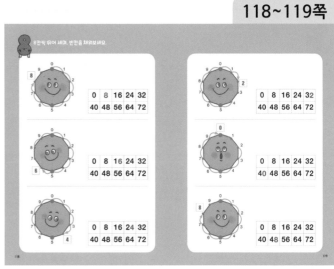

120~121쪽

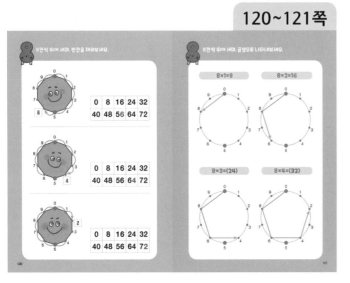

122~123쪽

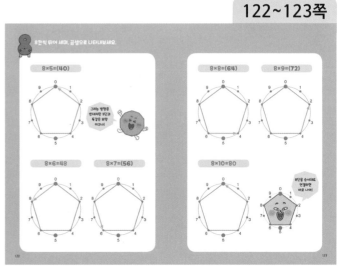

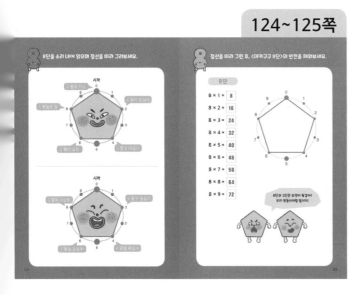

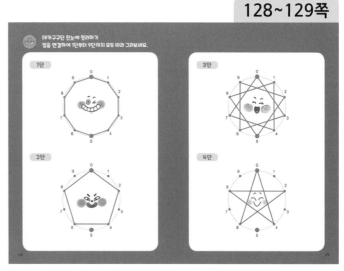

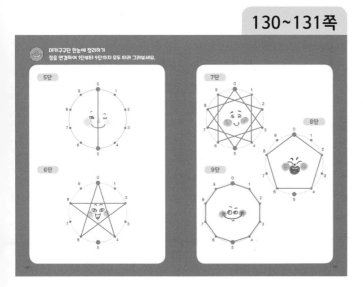

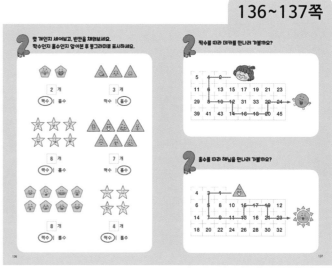

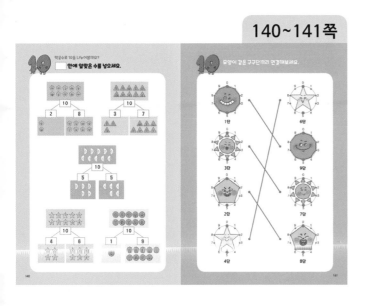

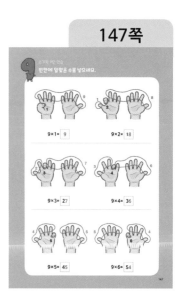

답안지

148쪽	152쪽	157쪽

〈데카구구 2단〉을 그려볼까요?
나만의 개성 있는 표정을 지어 보고, 좋아하는 색으로 칠해보세요!

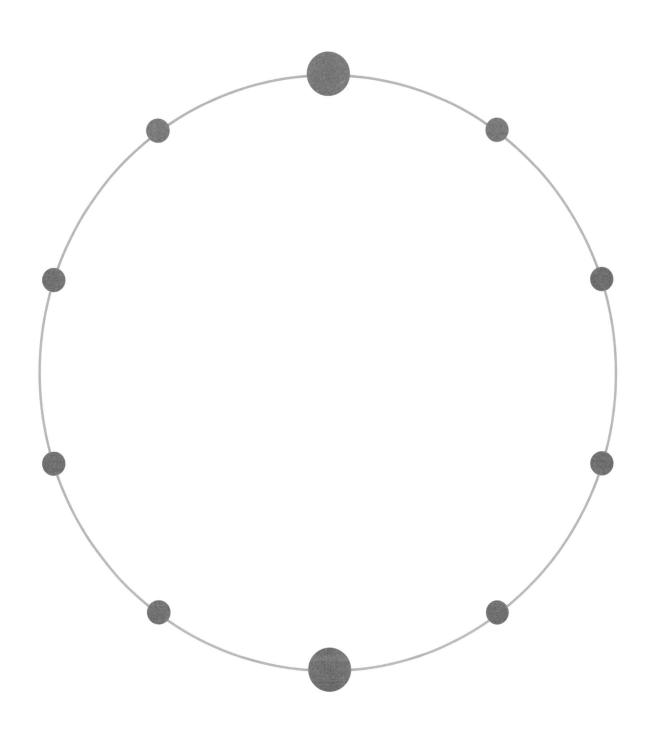

〈데카구구 3단〉을 그려볼까요?
나만의 개성 있는 표정을 지어 보고, 좋아하는 색으로 칠해보세요!

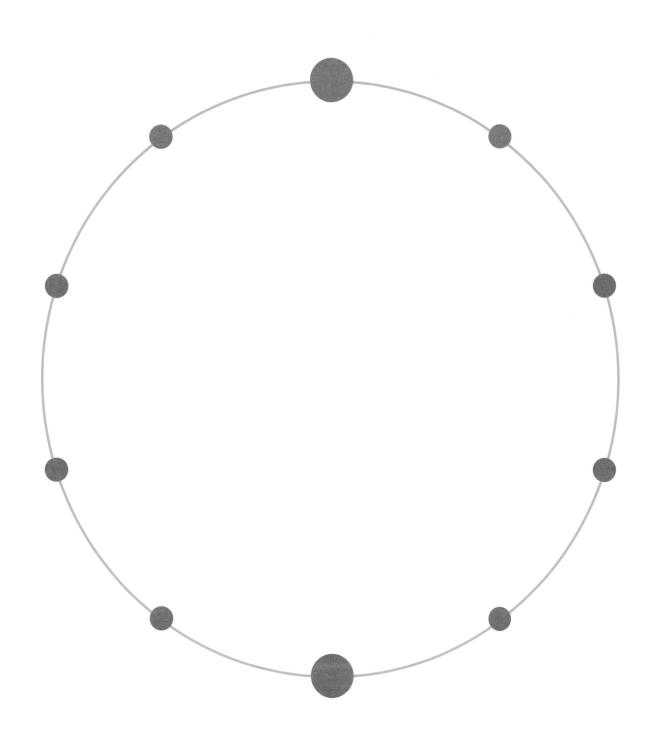

〈데카구구 4단〉을 그려볼까요?
나만의 개성 있는 표정을 지어 보고, 좋아하는 색으로 칠해보세요!

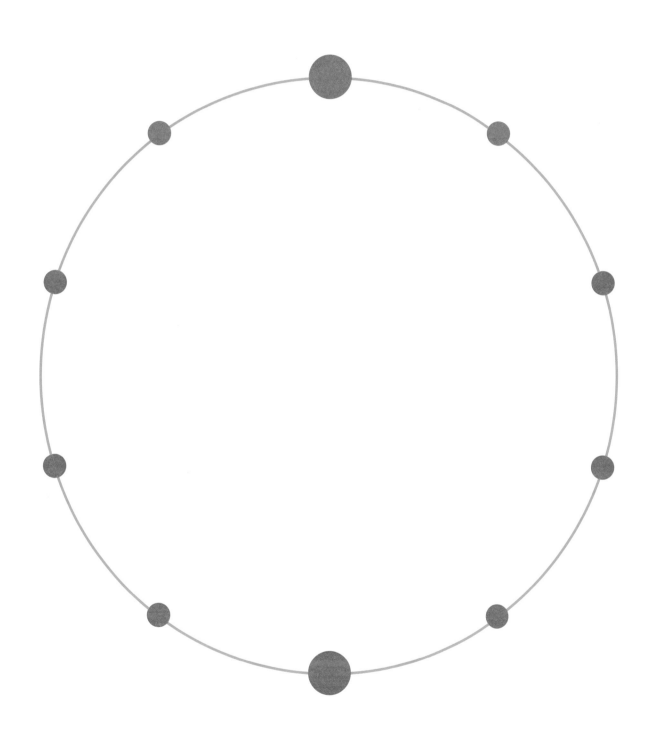

<데카구구 5단>을 그려볼까요?
나만의 개성 있는 표정을 지어 보고, 좋아하는 색으로 칠해보세요!

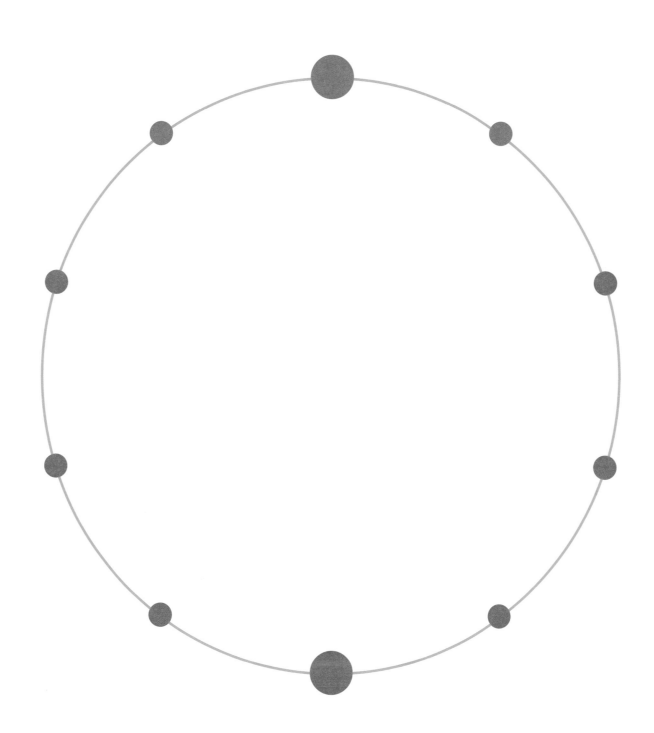

〈데카구구 6단〉을 그려볼까요?
나만의 개성 있는 표정을 지어 보고, 좋아하는 색으로 칠해보세요!

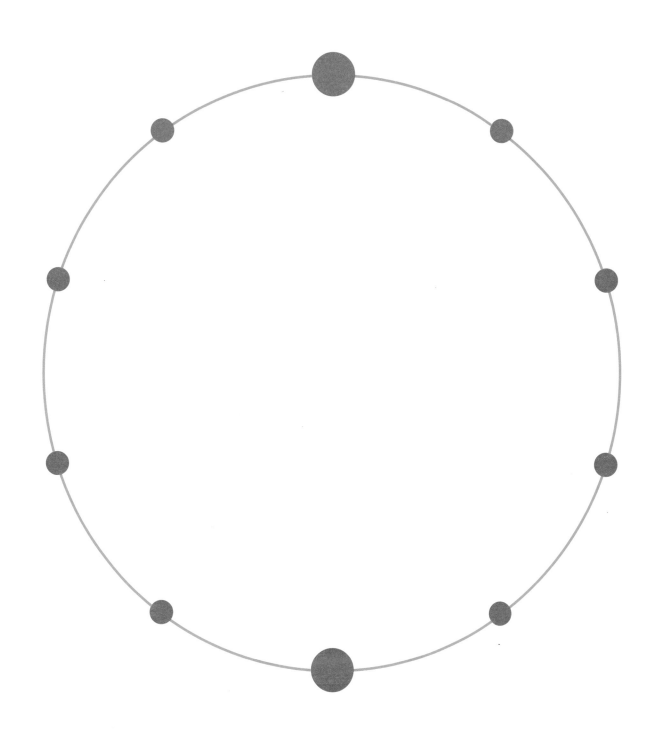

〈데카구구 7단〉을 그려볼까요?
나만의 개성 있는 표정을 지어 보고, 좋아하는 색으로 칠해보세요!

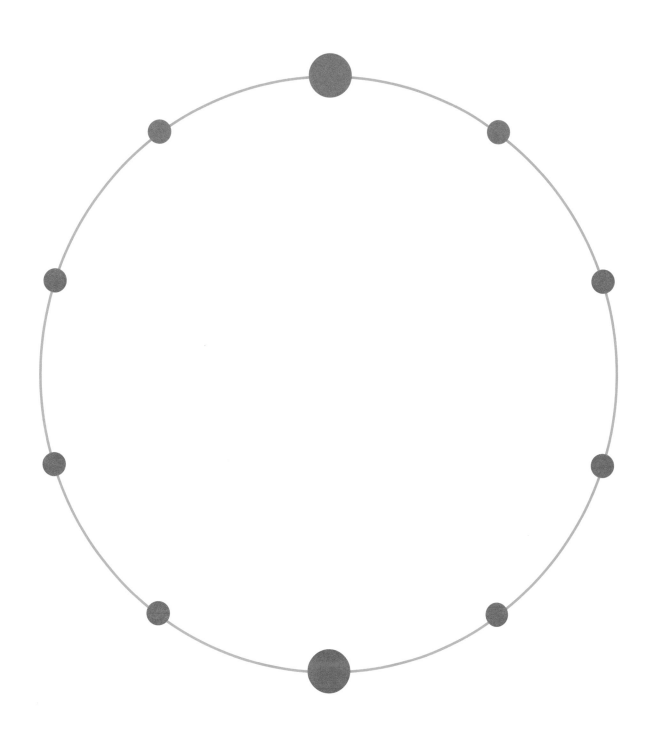

<데카구구 8단>을 그려볼까요?
나만의 개성 있는 표정을 지어 보고, 좋아하는 색으로 칠해보세요!

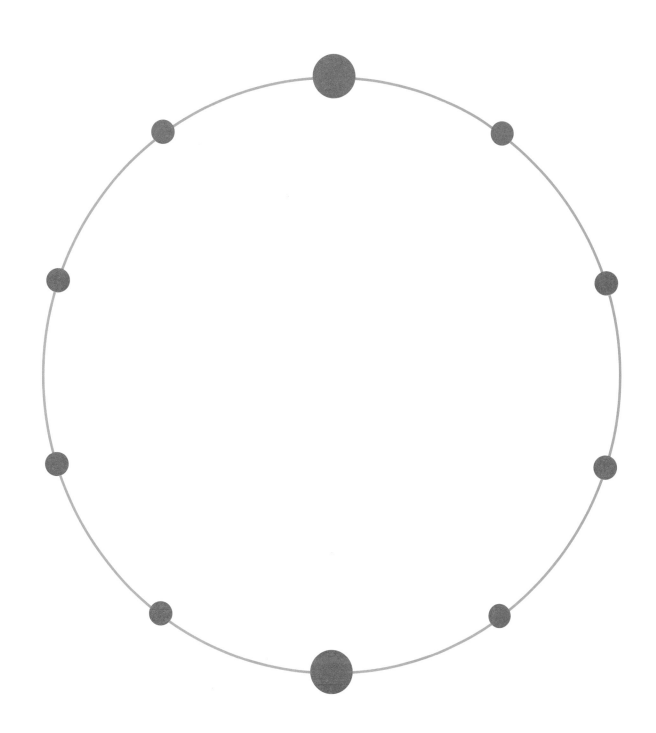

〈데카구구 9단〉을 그려볼까요?
나만의 개성 있는 표정을 지어 보고, 좋아하는 색으로 칠해보세요!

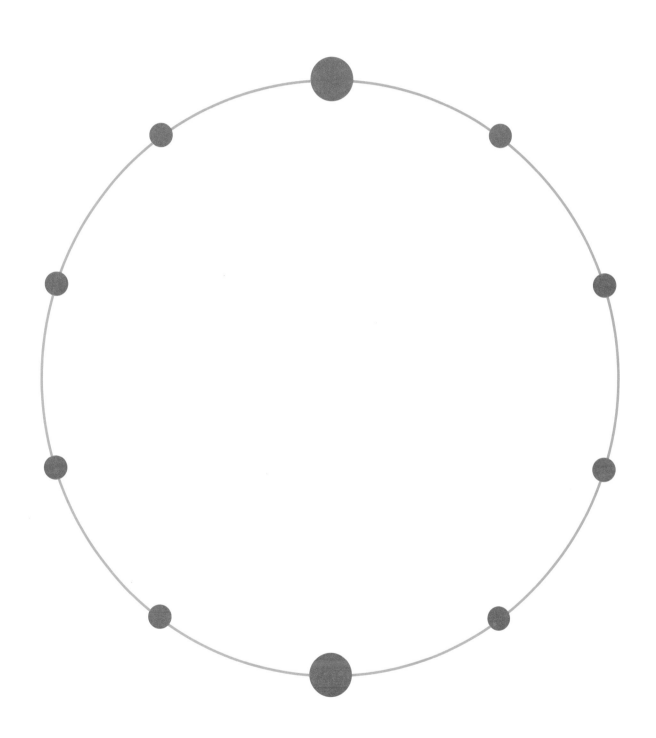